Photo of my baby

세상에서 가장 사랑스러운

에게

엄마 아빠가

세상에서 가장 아름다운 태교 동화

하루 10분,
아가랑
소곤소곤

여는 글

태담으로 엄마 아빠의 사랑을 전해보세요

세상에서 가장 소중한 내 아기에게 줄 첫 선물로 무엇을 생각하고 있나요?

예쁘게 꾸민 아기방이나 동화책, 공주 드레스도 좋지만, 그 무엇보다 엄마의 예쁜 마음과 행복이 내 아기에게 주는 가장 고귀한 첫 번째 선물입니다. 엄마가 편안한 마음을 갖는 것이 최고의 태교이기도 하고요.

하지만 변해가는 몸과 정서적 불안, 직장과 가족 환경에 따른 크고 작은 스트레스로 마냥 편안하고 행복하게 태교에 전념하기가 쉽지 않습니다. 임신 기간 몸의 변화에 적응하기도 바쁩니다. 이렇게 정신없이 지내다 보면 제대로 맘먹고 태교할 기회를 놓쳐버리지요. 저 또한 같은 경험이 있기에 임신한 딸에게 적극적으로 태교를 권했습니다. 태교에 대해 이것저것 알아보던 딸은 욕심이 생겼는지 이렇게 말하더군요.

"똑똑하고, 성격 좋고, 감성이 뛰어난 아기를 낳고 싶은데……."

그런 아기를 낳는 방법이 있을까요? 불가능해 보이지만 한 가지 있습니다. 바로 부모가 먼저 공부하는 것입니다. 그 첫걸음이 태교가 되겠지요. 요즘은 음악, 뜨개

질, 산책, 요가, 미술, 음식 등 태아의 발달에 도움이 되는 것들을 많이합니다. 그 중에서도 소리로 낭독하고 아기에게 태담을 건네는 독서 태교가 으뜸이라고 생각합니다.

태아의 뇌세포가 성장하는 데 청각의 비중이 80% 이상을 차지한다고 합니다. 배 속의 아기는 소리를 통해 세상을 느끼므로 청각 자극에 많이 노출될수록 똑똑한 아기가 태어납니다. 좋은 글을 소리 내 읽으면 아가의 뇌 발달을 활성화시킬 수 있습니다. 더불어 태아와 산모의 정서적 안정과 교감에도 효과적입니다.

지난 30여 년간 독서교육전문가로 살면서 읽은 수많은 책들 중에서 태교에 적합한 아름다운 글을 엄선했습니다. 동시에 임신 중에도 직장 다니기 바쁘고, 큰맘 먹고 태교책을 봐도 잠만 온다는 산모들을 위해 짧은 글 한 편만으로도 이 세상 가장 영양가 있는 태교책이 되기를 바라는 마음으로 엮었습니다.

이 아름답고 지혜로운 글들을 소중한 아기와 예비 엄마들에게, 친정엄마의 마음으로 아낌없이 들려주고 싶습니다. 혼자서든, 남편이나 부모님과 함께든 꼭 소리 내어 읽고 아기에게 태담을 건네 보세요. 아이와 교감할 수 있는 것은 물론 삶의 지혜를 얻을 수 있어 놀랍도록 충만한 시간이 될 것입니다.

마지막으로 출판사 관계자분들과 기획에서 태담까지 코멘트를 아끼지 않았던 딸 김희진, 좋은 글을 고르는 데 멘토가 되었던 박수자 시인께 감사를 전합니다.

세상에서 가장 위대한 이름 ‘엄마’로 탄생하는 임신부들에게 이 책이 아기와 만나는 여정의 지혜로운 안내자요, 인생의 가장 좋은 선물이 되기를 간절히 바랍니다.

지은이 박한나

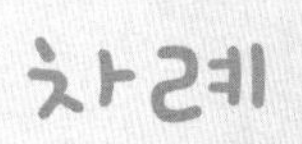

차례

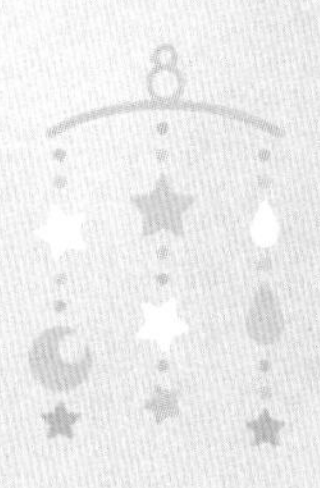

3장 행복하고 사랑받는 아이로 자라렴

4장 넉넉하고 베푸는 사람으로 자라렴

5장 세상을 빛내는 사람으로 자라렴

꼬까신_최계락

★ 명언 필사

★ 태교 이야기

제1장
큰 꿈을 품고 용기 있게 자라렴

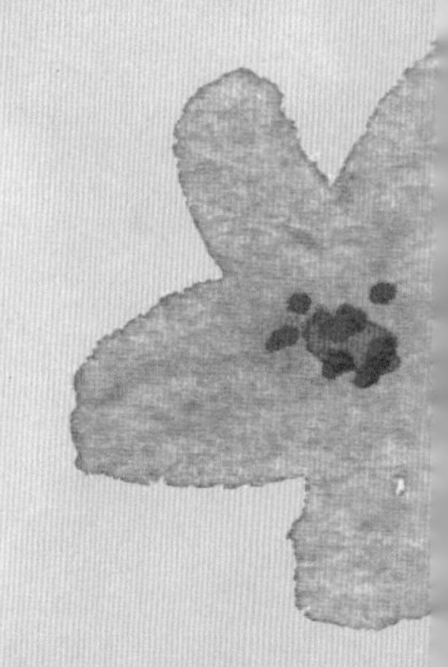

꽃밭

정두리

엄마의 눈에는
아기가 꽃입니다

걸어 다니는 꽃나무
노래할 줄 아는 꽃잎입니다

이름은 없이
그저 '꼬오옷'

아기가 있는 곳은
삼백육십오일
꽃이 피는 꽃밭입니다

겨자씨의 꿈

이야기를 들어보렴

첫 번째로 들려줄 동화는 작다고 무시당하지만 나중에 크게 성장해서 덕을 베푼다는 겨자씨 이야기란다. 겨자씨는 씨앗 중에서도 아주 작은 것을 가리키지. 사람도 겉모습만으로 판단하는 실수를 해서는 안 되겠단 생각이 들어. 상처 받았다고 원망하고 불평하기보다는 인내하고 극복한다면 몇 배의 행복을 누릴 수 있다는 메시지에 주목해보고 싶구나.

농부 아저씨가 뜰 앞마당에 시금치씨, 나팔꽃씨, 호박씨, 겨자씨를 뿌렸습니다.

"아휴, 답답해!"

시금치 씨앗의 말입니다.

"푸우, 거름 냄새."

나팔꽃씨의 말입니다.

"왜 이렇게 어둡지."

넓적 호박씨의 말입니다.

"……"

겨자씨는 아무런 말이 없습니다.

"어마, 너는 무슨 씨앗인데 그렇게 작니?"

겨자씨 옆에 뿌려진 호박씨의 말입니다. 호박씨의 호들갑스런 목소리에 모두들 얼굴을 내밀고 겨자씨를 바라봅니다.

"저런, 생기다 말았네. 그 몸으로는 흙을 밀쳐 나가기 어렵겠는걸!"

모두들 제각기 한마디 했습니다. 얼굴이 빨개진 겨자씨는 고개를 숙이고 여전히 아무런 말이 없습니다.

"걘, 벙어리인가 봐."

시금치씨가 불쌍하다는 듯 말합니다. 겨자씨는 그렇게 놀림을 당하면서 아무 말 없이 지냈습니다. 그러나 겨자씨는 가슴속에 예쁜 꿈을 간직하고 있었습니다. 자신이 앞으로 새가 깃드는 큰 나무가 되리라는 꿈 말입니다. 다른 씨앗들은 며칠이 지나도 말 한마디 안 하는 겨자씨를 벙어리라고 생각했습니다.

따스한 햇볕이 땅속으로 스며들던 어느 날, 갑자기 흙을 파헤치며 노란 병아리가 나타났습니다.

"엄마, 이곳에 벌레가 있을 것 같아요."

"그래, 잘 헤쳐 봐. 먹음직스런 씨앗들은 먹어도 된다."

황금빛 옷을 입은 엄마 닭의 말에 땅속의 씨앗들은 그만 가슴이 덜컹 내려앉았어요. 겨자씨의 가슴 속에서도 두근두근 소리가 들려옵니다.

"어마마, 요건 뭐야. 티끌도 아니고……. 엄마, 이것 좀 보세요. 씨앗이 아주 작아요."

병아리는 겨자씨가 신기한 듯 자꾸 들여다봅니다.

“요런 씨는 먹어봤자 배도 안 부르지. 꼴깍 삼키느라 수고만 할 뿐이야.”

병아리는 겨자씨를 발바닥으로 꾹 누르고 다시 땅을 파헤쳐 호박씨를 주둥이로 물었습니다.

“이걸 먹어야겠어.”

호박씨는 병아리의 부리에 쪼여 엉망이 된 채 버려지고 말았습니다. 나머지 씨앗들은 휴우, 깊은 안도의 숨을 내쉬었습니다.

* * *

그리고 며칠이 지났습니다. 씨앗들은 며칠 밤 동안 앓는 소리를 내더니 작은 떡잎들을 틔워 냈습니다. 겨자씨도 아픔을 이겨가며 새싹 하나를 틔워 냈습니다.

작은 손으로 흙을 뚫기란 무척 어려운 일이었습니다. 겨자씨가 파란 하늘과 햇빛줄기를 보았을 때 저도 모르게 감탄의 소리가 흘러나왔습니다.

“아, 아름다워!”

옆에서 싹을 틔우고 나온 나팔꽃씨와 시금치씨가 깜짝 놀라며 말했습니다.

“어머, 넌 벙어리가 아니었구나!”

세상은 밝았습니다. 겨자씨는 생각했습니다. 캄캄한 흙 속에서는 모두가 답답해 자기를 놀렸지만 밝은 세상에는 볼 것이 많으니 자기를 놀리지 않을 것이라고 말입니다.

그러나 자기를 비웃는다고 해도 꾹 참기로 했습니다. 겨자씨는 주위에 있는 어떤 꽃, 나물보다 큰 나무가 되리라는 꿈이 있었기 때문입니다.

“호호호, 잰 떡잎까지도 작아. 겨자씨는 앞으로 얼마나 클 수 있을까?”

시금치가 말하자 나팔꽃씨는 재미있다는 듯 말합니다.

"내가 거인이 되면 쟨 난쟁이가 되겠지."

나팔꽃은 빨리 커갑니다. 시금치도 잎이 제법 많아졌습니다.

그런데 아직도 겨자 잎은 작기만 합니다. 나비와 벌이 날아다니다 겨자 잎을 힐끗 쳐다보고 말합니다.

"너같이 작은 식물은 처음이야."

"정말이지 너무 작군. 그 작은 잎으로도 숨을 쉴 수 있을까?"

겨자씨와 만나는 모든 것들은 마치 겨자씨를 흉보기 위해 세상에 태어난 것 같았습니다. 그러나 겨자씨는 결코 외롭지 않았습니다. 마음속에 있는 눈으로 자신의 큰 모습을 볼 수 있었으니까요.

어느 날 한 떼의 참새들이 빨랫줄에 앉았습니다. 겨자씨는 오랜만에 입을 열었습니다.

"참새님, 내게도 와 주세요. 고운 목소리로 노래를 들려주세요."

"뭐라고 너같이 작은 식물에게! 안 돼. 내가 네 위에 앉으면 넌 무너지고 말걸. 꿈도 꾸지 마라."

"아니에요. 참새님, 나는 앞으로 큰 나무가 될 거예요."

겨자씨의 말에 모두들 한바탕 웃었습니다. 겨자씨는 잠깐 서러운 생각이 들었습니다. 참말 자신이 크지 않는다면 어쩌나 하는 생각도 들었구요.

* * *

여름이 되었습니다. 나팔꽃은 아침마다 나팔을 불기 시작했고, 시금치는 진한 초록빛으로 자신의 잎을 맘껏 자랑했습니다. 그리고 그들은 하루하루 달라지는 겨자씨를 보았습니다. 작기만 했던 겨자씨가 불쑥불쑥 커 갔기 때문입니다. 이제 겨자씨는 시금치가 쳐다만 보아도 현기증이 날 듯 큰 키로 자랐고, 나팔꽃의 가냘픈 손목과는 비교도 안 되는 튼튼한 가지도 내었습니다. 겨자씨는 잎이 무성해지면서 시원한 그늘도 만들었습니다.

여름은 더웠습니다.

시금치는 더워서 숨을 할딱이며 겨자 나무에게

말했습니다.

“너무 더워, 내게 그늘을 만들어줄 수 있겠니?”

겨자씨는 말없이 웃으며 뿌리로 물을 빨아올리고 시금치 쪽으로 가지를 뻗쳤습니다. 나팔꽃은 휘청거리며 겨자씨에게 말했어요.

“내 허리가 끊어지겠어. 네 허리에 기댈 수 있을까?”

겨자씨는 웃으며 고개를 끄덕였어요.

비가 세차게 내리자 하늘을 날던 참새 떼가 날개를 떨어뜨린 채 날아와 겨자씨에게 말했습니다.

“비가 따가워, 날개가 부서지는 것 같아. 너의 숲 밑에 쉬게 해줘.”

겨자씨는 다정한 눈빛으로 고개를 끄덕입니다.

“좋을 대로 하세요.”

아무도 몰랐습니다. 그 작고 작은 겨자씨가 이렇게 크고 무성한 나무가 되어 자기들을 보살필 줄이야.

조성자 〈겨자씨의 꿈〉

아가랑 소곤소곤

겨자씨를 놀렸던 친구들이 나중에 얼마나 부끄러웠을까? ‘작은 고추가 맵다’라는 말이 있듯, 누구에게나 타고난 개성이 있기 마련이란다. 키가 작으면 다부진 체력을 가졌거나, 손재주가 있거나, 기억력이 탁월하듯이 말이야. 부족한 면이 있다 해도 자신의 꿈을 키워가는 내면이 꽉 찬 겨자씨와 같은 사람으로 성장하길 바래. 화이팅!

키다리 아저씨

이야기를 들어보렴

편지글 소설로 유명한 <키다리 아저씨>를 읽었어. 어려운 환경에도 구김살 없는 성격으로 경제적·정신적으로 독립해가는 여주인공의 멋진 성장 소설이야. 후원자의 도움으로 대학 진학을 하고 작가가 되는 과정에서 1910년대 미국의 대학, 직업, 결혼 등의 생활을 엿보는 재미도 있단다.

3월 5일

키다리 아저씨,

3월이에요. 벌써 얼굴에 스치는 바람이 따사롭게 느껴지니 이제 완연한 봄이랍니다.

오늘은 아침부터 검은 구름이 흩어져 날리고 있어요. 비가 올 모양이에요. 까마귀 떼가 어찌나 요란스럽게 울어대는지 당장 읽던 책을 덮어놓고 언덕으로 뛰어나가고 싶을 지경이에요. 나가서 바람과 달리기 시합이라도 하면 한결 후련할 것 같은데…….

지난 토요일에는 질척한 시골길을 7킬로미터나 달리며 '여우 사냥' 놀이를 했어요. 세 명의 학생이 여우가 되고 스물일곱 명이 사냥꾼이 되었는데 저는 그 스물일곱 명에 끼었어요. 우리는 여우들을 쫓아 진흙탕에 빠지기도 하고, 늪지대 근처에서 헤매기도 하고, 언덕을 오르기도 하면서 하루 종일 여자들이 무슨 군인 훈련처럼 과격한 놀이를 했답니다. 학교로 돌아왔을 때는 얼마나 배가 고프던지 허겁지겁 먹고는 곯아떨어지고 말았지요.

참, 아직 시험에 대해 아저씨께 말씀드리지 않았지요?

이번에는 모든 시험에 통과했어요. 이젠 시험 보는 요령을 터득했으니 결코 낙제 같은 것은 하지 않을 겁니다. 1학년 때 그 원수 같은 기하학과 라틴어만 낙제하지 않았어도 우등생으로 졸업할지도 모를 텐데요. 하지만 상관없어요. '지금 행복하다면 그 이상 무엇을 바라랴'라는 말이 있잖아요. 멋있는 말이죠? 요즘 배우고 있는 고전에서 베낀 거랍니다. 아저씨는 〈햄릿〉을 읽으셨나요? 만일 읽지 못했다면 꼭 한번 보세요. 정말 좋은 책이에요.

저는 그동안 셰익스피어에 대해 수없이 들어왔지만 직접 읽기는 처음이랍니다. 그런데 말로만 들을 때에는 미처 상상하지 못한 감동이 느껴지더군요. 이렇게 멋진 말들이 씌어 있을 줄은 꿈에도 몰랐던 거죠.

아저씨, 예전부터 저에게는 책을 읽을 때마다 나오는 버릇이 있어요.

뭐냐고요?

멋진 상상을 하는 거죠. 매일 밤 잘 때까지 제가 읽고 있던 책의 주인공이 되어서요.

현재 저는 오필리아입니다. 그것도 아주 영리하고 사려 깊은 오필리아요. 그래서 햄릿을 위로해주고 또 아픔도 함께 해준답니다. 그러나 잘못했을 때는 따끔하게 혼도 내주죠. 감기에 걸리면 목에 찜질도 해주고 옷 입는 것도 도와주고요. 그렇게 해서 햄릿의 우울증을 완전히 고쳐주었어요.

왕과 왕비는 바다에서 조난당해 죽은 것으로 했어요. 그래서 지금 저와 햄릿은 아무런 장애 없이 결혼해서 덴마크를 다스리고 있답니다. 햄릿은 정치를 아주 잘해요. 저는 그의 곁에서 자선 사업을 하고 있지요.

아저씨, 실제로 저는 고아원을 몇 군데 세울 거예요. 샐리네 집과 같이 가정적이고 이상적인 분위기의 고아원을요. 만약 아저씨나 다른 후원회 위원들께서 참관하고 싶으시다면 기꺼이 안내해 드리겠어요. 그곳을 견학하신다면 많은 것을 느끼실 거예요.

덴마크 왕비 오필리아 올림

* * *

3월 24일

키다리 아저씨,

저는 아무래도 천국에는 못 갈 것 같아요. 이 세상에서 이렇게 누릴 것 다 누리고 차지할 것 다 차지했는데 어떻게 죽은 뒤에까지 좋기만을 바라겠어요! 그렇다면 세상이 너무 불공평하지 않을까요.

대체 무슨 일이냐고요?

키다리 아저씨 께

제루샤 애벗이 해마다 학교 교지에서 모집하는 단편 소설에 당선된 거예요. 그것도 4학년을 제치고 말이에요. 학교 역사상 처음이랍니다. 상금도 있어요. 25달러씩이나요! 게시판에 제 이름이 나붙은 것을 봤을 때는 꿈인지 생시인지 분간이 안 갈 정도였어요.

아저씨, 정말 제게 작가적 재능이 있나 보죠?

그런데 막상 당선되고 나니 리펫 원장님이 더욱 원망스럽더군요. 장래 대작가가 될지도 모르는 사람에게 '제루샤 애벗'이란 시시한 이름을 붙여 주었으니 말이에요. 겨우 학교 주최 공모에 당선되고서 너무 과대망상을 하는 건가요?

두 번째 기쁜 소식.

올봄에 공연될 야외극 〈뜻대로 하세요〉에 저도 나가기로 했어요. 로잘린드의 사촌인 실리아 역으로요.

세 번째 기쁜 소식.

이번 금요일에 줄리아, 샐리와 함께 뉴욕에 가기로 했답니다. 줄리아의 삼촌 저비스 팬들턴 씨의 초대로 함께 연극을 보기로 했거든요. 그 전에 줄리아는 자기 집에 가서 자겠지만 저와 샐리는 마더 워싱턴 호텔에서 묵을 거예요.

아, 이보다 멋진 일이 또 있을까요! 저는 이제껏 진짜 배우들이 공연하는 연극을 본다거나 호텔에 가본 적이 한 번도 없거든요.

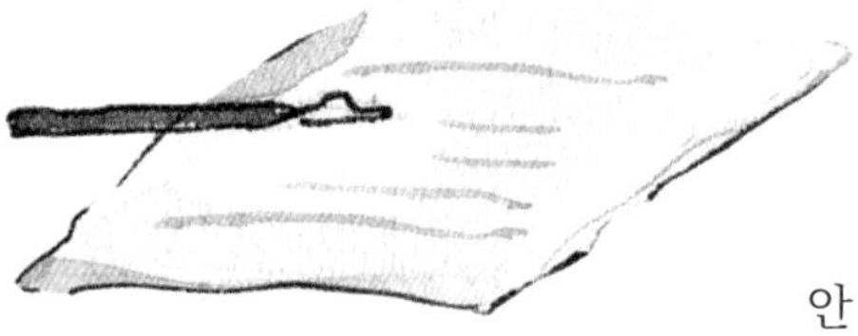

언제인가 천주교 성당에서 고아들을 초대해서 연극 구경을 시켜준 적은 있지만 그것과 이번에 볼 연극은 비교가 안 되겠죠. 그런데 이번에 볼 연극이 무엇인지

아세요? 바로 〈햄릿〉이에요. 저는 그동안 4주일간이나 셰익스피어 강의를 들은 덕분에 햄릿에 나오는 대사를 거의 외운답니다.

아, 마음이 들떠서 잠을 이룰 수가 없어요! 삶이란 참 아름다운 거군요. 그럼 안녕.

금요일을 손꼽아 기다리고 있는 주디로부터

P.S. 오늘 시내에 나갔다가 전차에서 한쪽 눈은 푸르고 다른 한쪽 눈은 갈색인 사람을 봤어요. 그런 사람은 탐정 소설에서 악당으로 나오면 꼭 맞겠죠?

아가랑 소곤소곤

주인공이 꿈을 키워가며 매일 기쁘게 살아가듯 엄마는 요즘 너랑 도란도란 태담하는 시간이 무척 행복하단다. 하루하루 커가는 우리 아가를 느낄 때면 감사가 저절로 나오는구나. 엄마도 태교일기를 우리 아기에게 쓰는 편지글처럼 써보면 어떨까 싶어. 네가 나중에 커서 보면 조금 쑥스럽긴 하겠지만 신기할걸. 너의 역사니까 말이야.

꽃들에게 희망을

이야기를 들어보렴

1972년 미국에서 출간된 이후 전 세계인에게 희망을 준 베스트셀러란다. 성공과 경쟁을 상징하는 애벌레 기둥이 참 인상적이었던 작품이야. 사랑과 평화의 메시지만큼이나 그림도 아름다운데, 작가가 농장 생활을 해서인지 애벌레도 나비도 직접 그렸대. 나비처럼 훨훨 날아서 아름다운 이야기 세계로 출발해볼까?

노랑 애벌레와 호랑 애벌레는 서로 사랑했습니다.

풀밭에서 신나게 놀며 파릇한 풀을 맘껏 뜯어 먹고 통통하게 살이 쪘습니다. 이제는 산더미 같은 애벌레들 틈에서 쉴 사이 없이 기둥을 오르려고 싸울 필요도 없었습니다. 한동안은 천국에 있는 것처럼 평화로웠습니다.

하지만 시간이 흐르자 서로 껴안는 것조차 지겨워졌습니다. 호랑 애벌레는 또다시 애벌레 기둥이 떠올랐습니다.

"그 기둥 위에는 뭔가 더 있는 게 분명해. 이제 쉴 만큼 쉬었으니 이번에는 꼭대기까지 오를 수 있을 거야."

노랑 애벌레는 애원했습니다.

"우리에겐 멋진 보금자리가 있고, 서로 사랑하잖아. 꼭대기를 향해 기어오르는 애들보다 우리 생활이 훨씬 나아."

노랑 애벌레의 말도 맞지만 호랑 애벌레에겐 자꾸 그 애벌레 기둥이 눈앞에 어른거렸습니다. 호랑 애벌레는 날마다 그곳으로 가서는 위를 쳐다보며 저 꼭대기에 무엇이 있는지 궁금해했습니다. 하루는 기둥 주위에서 쿵 하는 소리가 들리더니 커다란 애벌레가 어디선가 떨어져 땅바닥에 널브러져 있었습니다.

"무슨 일이니? 내가 도와줄까?"

"저 꼭대기…… 나중에 알게 될 거야. 나비들만이……."

그 애벌레는 간신히 몇 마디 중얼거리더니 숨을 거두고 말았습니다.

'그 애벌레는 꼭대기에서 떨어진 것일까?'

마침내 호랑 애벌레는 입을 열었습니다.

"난 당장 가서 꼭대기의 비밀을 알아야겠어."

노랑 애벌레는 사랑하는 호랑 애벌레가 기둥 꼭대기까지 성공적으로 오르도록 함께 하겠다는 말이 얼른 나오지 않았습니다. 어쩐지 노랑 애벌레는 무턱대고 올라가는 것만이 꼭 높은 곳에 이르는 길은 아니라는 생각이 들었습니다. 노랑 애벌레는 호랑 애벌레를 사랑했지만 안타까운 마음으로 말했습니다.

"난 안 가겠어."

그러자 호랑 애벌레는 기둥 위로 올라가기 위해 노랑 애벌레를 떠났습니다.

노랑 애벌레는 호랑 애벌레가 떠나고 나자 무척 쓸쓸했습니다. 날마다 호랑 애벌

레를 찾으러 기둥으로 기어갔다가 저녁이면 슬픈 마음으로 돌아오곤 했어요. 노랑 애벌레는 무작정 기다리느니, 무슨 일이든지 하고 싶었습니다.

"내가 정말 원하는 게 뭘까?"

노랑 애벌레는 한숨을 내쉬며 고민에 빠졌어요.

"생각할 때마다 하고 싶은 것이 자꾸 달라지는 것 같아. 분명히 그 이상의 것이 있을 거야."

마침내 노랑 애벌레는 그동안 정들었던 것들을 떠나기로 하고 정처 없이 돌아다니기 시작했습니다.

* * *

그러던 어느 날, 늙은 애벌레 한 마리가 나뭇가지에 거꾸로 매달려 있는 것을 보고 깜짝 놀랐습니다. 그 애벌레는 털투성이 주머니 속에 갇혀 있었습니다.

"곤경에 빠지신 거 같은데 제가 도와 드릴까요?"

"아니다. 나비가 되려면 이렇게 해야 한단다."

노랑 애벌레는 두근거리는 마음으로 물었습니다.

"저, 나비가 뭐죠?"

"나비는 아름다운 날개로 날아다니면서 땅과 하늘을 연결시켜주지. 나비는 꽃에서 꿀만 빨아 마시고, 이 꽃에서 저 꽃으로 사랑의 씨앗을 날라다 준단다. 나비가 없으면 꽃들도 이 세상에서 곧 사라지게 돼."

노랑 애벌레는 숨을 헐떡거리며 말했습니다.

"그럴 리가 없어요. 제 눈에 보이는 것은 당신도 나도 솜털투성이 벌레일 뿐인데, 그 속에 나비가 들어있다는 걸 어떻게 믿을 수 있어요?"

그러더니 잠시 후, 노랑 애벌레가 생각에 잠긴 얼굴로 진지하게 물었습니다.

"어떻게 하면 나비가 되죠?"

"날기를 간절히 원해야 돼. 하나의 애벌레로 사는 것을 기꺼이 포기할 만큼 간절하게."

"죽어야 한다는 뜻인가요?"

"그렇기도 하고, 아니기도 하지. '겉모습'은 죽은 듯이 보여도, '참모습'은 여전히 살아 있단다. 삶의 모습은 바뀌지만 목숨이 없어지는 것은 아니야. 나비가 되어보지도 못하고 죽는 애벌레들과는 다르단다."

노랑 애벌레는 망설이다가 다시 물었습니다.

"나비가 되기로 결심하면……, 무엇을 해야 하죠?"

"나를 보렴. 난 지금 고치를 만들고 있어. 내가 숨어버린 듯 도피처에 있는 것이 아니라 변화가 일어나는 동안 잠시 머물고 있단다. 고치 밖에서는 아무 일도 없는 것처럼 보일지 모르지만, 나비가 이미 만들어지고 있지. 나비가 된다는 것은 '진정한 사랑' 즉 새로운 생명을 만드는 사랑이란다. 그런 사랑은 서로 껴안는 게 고작인 애벌레들의 사랑보다 훨씬 좋은 것이지, 암!"

"아아, 저는 어서 가서 호랑 애벌레를 데려와야겠어요."

그러나 노랑 애벌레는 호랑 애벌레가 애벌레 기둥 더미 속으로 너무 깊이 들어가 있어 도저히 찾을 수 없다는 것을 알고 슬펐습니다. 늙은 애벌레가 말했습니다.

"슬퍼하지 마라. 네가 나비가 되면 날아가서 나비가 얼마나 아름다운지 호랑 애벌레에게 보여줄 수 있어. 그러면 호랑 애벌레도 나비가 되고 싶어 할 거야."

노랑 애벌레는 여러 가지 생각으로 복잡해졌습니다.

"호랑 애벌레가 돌아왔다가 내가 없는 것을 알면 어떡하지? 나의 새로운 모습을 알아보지 못하면 어떡하지? 호랑 애벌레가 계속 애벌레로 남겠다면 어떡하지? 애벌레 상태로 있으면 적어도 기어다니며 맛있는 풀도 먹을 수도 있어. 사랑도 어떤 식으로든 할 수 있어. 하지만 고치가 되면 어떻게 서로 결합하지? 고치 속에 틀어박히는 건 생각만 해도 끔찍해!"

노랑 애벌레는 고민을 하면 할수록 한편으로는 나비에 대한 이야기를 처음 들었을 때 가슴이 뛰었던 그 야릇한 희망을 포기할 수는 없을 것 같았습니다.

늙은 애벌레는 비단실로 계속 몸을 감았습니다. 늙은 애벌레는 마지막 남은 실로 머리를 감싸며 외쳤어요.

"너는 아름다운 나비가 될 수 있어. 우리는 너를 기다리고 있을 거야!"

마침내, 노랑 애벌레도 나비가 되기 위한 모험에 나서기로 결심했습니다. 노랑 애벌레는 용기를 얻으려고 늙은 애벌레의 고치 바로 옆에 매달린 채, 실을 뽑아내어 고치를 만들기 시작했습니다.

"어머나, 나도 이런 일을 할 수 있다니! 용기가 생기는걸. 내 속에 고치의 재료가 들어있다면, 나비의 재료도 틀림없이 들어있을 거야!"

노랑 애벌레는 아름다운 나비가 되는 참모습을 상상했습니다. 그 아름다운 자태로 훨훨 날아서 호랑 애벌레를 만나러 갈 날을 생각하니 어둡고 좁은 고치 속에서도 행복하기만 했습니다.

아가랑 소곤소곤

아가야. 네가 엄마의 인생에 찾아온 날, 엄마인 내 마음을 가장 울린 책이야. '진정한 사랑은 새로운 생명을 만드는 사랑'이라는 글귀에 그만 울컥했거든. 늙은 애벌레가 예쁜 나비가 되려고 자아를 포기했듯, 엄마도 우리 예쁜 생명을 위해 몸과 마음가짐을 조심하며 성숙해져야 된다고 다짐했어. '더 높이 날아, 더 많은 사랑이 퍼지길' 바라는 작가의 말처럼 우리 아가도 사랑과 희망을 뿌려주는 사람이 되렴.

큰 바위 얼굴

이야기를 들어보렴

이 작품은 <주홍 글씨>로 유명한 작가 나다니엘 호손이 1850년대에 쓴 단편이란다. '자연이 가장 위대한 스승'이라는 진리를 다시 한번 깨우쳐 주고 있어. 프랑스 교육자 루소의 '자연으로 돌아가라'는 것과 같은 주장이지. 어떻게 자연이 스승이 되는지 이야기 속으로 들어가 살펴볼까?

높은 산들에 둘러싸인 골짜기에 순박한 사람들이 옹기종기 모여 농사를 지으며 마을을 이루고 살았습니다. 마을에는 모든 사람이 어디서나 올려다볼 수 있는 깎아지른 절벽 위에 몇 개의 바위가 있었습니다. 적당한 거리에서 바라보면 사람의 얼굴 같아 마을 사람들은 큰 바위 얼굴이라고 불렀습니다.

바위는 마을에서 저 멀리 떨어져 있지만, 햇빛에 비친 그 모양은 어디서나 뚜렷하게 보였습니다. 구름과 안개에 싸인 날이면 굉장한 거인 타이탄이 정말 살아난 듯 거룩해 보이기도 했습니다. 이곳 아이들은 어릴 때부터 큰 바위 얼굴의 웅장하면서도 다정스럽고 온 인류를 포옹하고도 남을 위대한 모습을 바라보고 자라나는 것이 행운이었습니다. 그저 그것을 바라보는 것만으로도 큰 교육이 되었어요.

이 골짜기 사람들은 옛날부터 내려온 전설을 믿었습니다. 어머니는 어네스트에게도 이야기를 들려주었습니다.

"옛날부터 전해 내려오는 예언이 실현된다면 우리는 언젠가 큰 바위 얼굴과 똑같은 얼굴을 가진 사람을 볼 수 있을 거란다."

"어떤 예언 말씀이세요? 어서 이야기 좀 해주세요."

어머니는 자신도 어렸을 때 할머니로부터 들었던 이야기를 해주었습니다. '이 골짜기 마을에서 총명하고 위대한 인물이 될 한 아이가 태어날 것인데, 그 아이는 어른이 되어감에 따라 얼굴이 점점 큰 바위 얼굴을 닮아가게 될 것이다'라는 것이었습니다. 마을 사람들은 그 예언대로 언젠가 나타날 그 인물을 기다리고 있었습니다.

"어머니, 제가 커서 꼭 그런 사람을 만날 수 있으면 좋겠어요."

기대에 찬 어네스트의 말에, 어머니는 '그럴 수 있을 것'이라며 조용히 머리를 쓰다듬어 주었습니다.

그 후로 어네스트는 큰 바위 얼굴을 볼 때마다 어머니의 이야기를 떠올렸습니다. 어네스트는 어머니 말씀에 순종하며 집안일을 도왔습니다. 땡볕 아래 밭일을 하여 얼굴이 검게 그을었지만 그의 눈은 좋은 학교에서 교육을 받은 소년들보다 더 총명하게 빛났습니다.

어네스트에게는 바로 큰 바위 얼굴이 선생님이었어요.

어네스트는 하루의 일이 끝나면

몇 시간이고 그 바위를 쳐다보며 명상을 즐겼습니다. 그러면 큰 바위 얼굴은 어네스트를 격려하듯 더 친절한 미소를 보내주는 것이었어요. 어네스트는 점점 온화하고 겸손한 소년으로 자라갔습니다.

어느 날, 예언대로 큰 바위 얼굴처럼 생긴 위인이 마을에 나타났습니다. 이 마을에서 태어나 먼 항구로 나가서 사업으로 큰돈을 벌어 성공한 '개더골드'라는 사람이었습니다. 어네스트는 설레는 마음으로 그를 보러 많은 사람들 틈에서 기다렸습니다. 하지만 어네스트는 그의 얼굴을 보고 실망했습니다. 주름투성이의 영악하고 탐욕에 가득 찬 모습에 그만 고개를 돌리고 말았습니다.

* * *

세월이 흘러 이제 어네스트는 청년이 되었습니다. 여전히 큰 바위 얼굴이 그에게는 훌륭한 선생님이었습니다. 매일 큰 바위 얼굴을 바라보면서 많은 지혜를 얻고 타인을 배려하는 몸가짐을 익히며 현재보다 더 나은 미래를 꿈꾸었습니다.

다시 몇 해가 흘렀습니다. 이 골짜기 출신으로 군대에서 유명한 장군이 된 '올드 블러드 앤드 선더'라는 사람이 고향에 돌아왔습니다. 사람들은 그가 큰 바위 얼굴과 닮았다고 웅성댔습니다. 하지만 그 장군의 인상에서는 큰 바위 얼굴처럼 준엄한 표정 뒤의 온화한 빛이 흐르지 않았습니다.

'아직도 더 기다려야 하나?'

어네스트도 이제 중년이 되었습니다. 늘 인류를 위해 훌륭한 일을 해보겠다는 신념으로 살아서인지, 자신도 모르는 사이에 마을 사람들이 그를 따랐습니다. 어네스트의 이야기는 마을 사람들에게 깊은 감동을 주었습니다.

어느 정도 시간이 흘러, 이번에는 저명한 정치가가 나타났다는 소식이 또 전해졌습니다. '올드 스토니 피즈'라는 이름의 그는 재산과 칼을 가진 앞선 두 사람과 달리 강력한 혀를 가진 웅변가였습니다. 마을 사람들은 그를 환호했지만 큰 바위 얼굴과는 닮지 않았음을 어네스트는 이제 알 수 있었습니다.

세월은 덧없이 흘러 어네스트의 머리에도 하얀 서리가 내렸습니다. 하지만 어네스트의 머릿속에는 무성한 백발보다 더 많은 지혜가 깃들었고, 이마의 주름살 역시

인생행로에서 얻은 슬기로움이 간직되어 있었습니다. 어네스트의 이름은 산골짜기를 넘어 세상에 널리 알려졌습니다.

이렇게 나이 들어가던 즈음, 어네스트는 이 마을 출신의 뛰어난 시인을 만나게 되었습니다. 시인은 장엄한 시로 큰 바위 얼굴을 노래했습니다. 시인이 아름답고 감동적인 언어로 세상을 축복하면 세상은 정말 아름다운 곳으로 변하는 것 같았습니다. 어네스트의 손에까지 이 시인의 시집이 들어왔습니다. 어네스트는 그의 시를 읽고는 인자하게 자신을 내려다보는 큰 바위 얼굴을 쳐다보며 중얼거렸습니다.

"오, 장엄한 벗이여! 이 사람이야말로 당신을 닮을 자격이 있는 사람이 아닙니까?"

큰 바위 얼굴은 미소를 짓는 듯했으나 아무런 대답이 없었습니다.

한편, 그 시인도 어네스트의 고결한 인격을 소문으로 들어 알고 있었습니다. 어느 여름날 아침, 시인은 어네스트의 집을 찾아왔습니다. 어네스트는 이 시인이야말로 큰 바위 얼굴과 같은 사람이라고 여겼습니다. 하지만 시인은 솔직하게 고백했습니다.

"저의 시집에는 훌륭한 것들이 많습니다. 하지만 실제 내 모습은 아닙니다. 저도 큰 꿈을 품었지만 꿈으로 그쳤습니다. 항상 아름다움을 노래하면서도 저 자신은 불성실하게 살아왔습니다. 그러니 어찌 큰 바위 얼굴과 비교할 수 있겠습니까?"

두 사람의 눈에는 조용히 눈물이 흘렀습니다.

어둑어둑 해가 질 무렵, 어네스트는 마을 사람들에게 연설을 하기로 되어 있었습니다. 어네스트가 연설하려고 선 마당의 뒤편에는 예나 지금이나 회색 절벽이 솟아 있고 큰 바위 얼굴이 장엄하면서도 인자한 모습으로 내려다보고 있었습니다. 어네스트는 다정한 웃음을 띠며 마을 사람들을 돌아다보았습니다. 그의 말은 조화롭고 힘이 있었으며 단순한 음성이 아니라 생명의 부르짖음이었습니다.

어네스트의 연설을 귀 기울여 듣던 시인은 어네스트의 연설이야말로 어떤 시보다 고상하고 진실하다고 느꼈습니다. 지금껏 재치있고 지혜로운 사람들과 이야기를 많이 나누어봤지만, 어네스트처럼 소박한 말씨로 위대한 진리를 쉽게 이야기하는 사람을 본 적이 없었습니다.

온 세상을 끌어안는 듯한 성자다운 모습을 보는 순간, 시인은 흥분된 얼굴로 팔을 높이 들고 소리쳤습니다.

"여러분들, 보십시오! 어네스트 씨야말로 큰 바위 얼굴과 똑같습니다!"

모든 사람들이 어네스트와 큰 바위 얼굴을 번갈아 쳐다보았습니다. 그러고는 시인의 말이 사실인 것을 알았습니다. 저마다 환호성을 질렀습니다.

"드디어 예언은 실현되었다. 어네스트야말로 바로 큰 바위 얼굴이다!"

그렇지만 연설을 마친 어네스트는 시인과 함께 집으로 돌아가면서, 아직도 자신보다 더 지혜롭고 선한 사람이 나타날 것이라고 겸손하게 생각했습니다.

아가랑 소곤소곤

엄마는 자연 속에서 우리 아기가 커가길 바랐는데 도시에선 쉽지가 않구나. '자연이 참교육'이라고 하니 우리 아가에게 좋은 자연 교육의 모델을 찾아보는 것이 엄마 아빠의 숙제겠지? 자연이든 인물이든 인생에 롤 모델이 있다는 건 희망일 거야. 자연 교육 삼아 공원 산책도 하고 주말엔 아빠랑 가벼운 둘레길을 걸으며 우리 아가와 태담을 나눠야겠구나. 어때, 좋지?

높이 그리고 멀리

이야기를 들어보렴

엄마가 비행기를 처음 타본 날, 소나기가 내려 걱정했는데 먹구름 위로 올라가니 반짝이는 태양이 떠있어서 얼마나 신기했던지……. 그런 대자연의 신비스러움을 담아서, 소설가 리처드 바크는 1970년에 갈매기를 등장시켜 인간의 꿈과 이상을 실현하려는 우화 소설을 발표했단다. 이 이야기를 읽으며 창공을 나는 새처럼 우리 아가랑 무한히 푸른 꿈을 꿔보고 싶구나.

조나단은 이제 혼자서 날기를 연습하며 스스로를 다독였습니다.

'높이 나는 새가 멀리 바라본다!'

속으로 수도 없이 이런 말을 읊조리며 고된 연습으로 하루하루를 보냈습니다.

조나단은 공중에서 잠자는 법과 밤이면 앞바다 쪽으로 부는 바람을 가로질러 나는 법을 배웠습니다. 또 높은 곳에서 부는 바람을 타고 멀리 내륙 쪽으로 날아가는 법을 배웠고 그곳에서 맛있는 곤충들을 잡아먹기도 했습니다. 때로는 짙은 바다 안개를 뚫고 날아올라 안개 위쪽의 눈부시게 맑은 하늘로 솟구치기도 했습니다. 유선

형으로 빨리 날아 내려가다가 수면에서 3미터 아래에 무리 지어 있는 신선하고 맛있는 물고기를 잡는 법도 알게 되었습니다.

조나단은 이제야 참으로 행복한 삶을 살 수 있게 되었습니다.

고향의 무리에서 추방당했지만 결코 외롭지도 않았습니다. 다만, 고향의 갈매기들은 여전히 살아남기 위해서 고깃배와 곰팡내 나는 빵을 쫓아다니면서 자신들의 가능성을 시도해보려 하지 않는 것이 안타까웠습니다.

그러던 어느 날이었습니다. 노을이 곱게 물든 저녁에 두 마리의 갈매기가 찾아왔습니다. 그 갈매기들은 높은 밤하늘에서 다정한 빛을 뿌리며 밤공기를 따뜻하게 밝혀주었습니다. 하지만 무엇보다 더 멋진 것은 그 갈매기들의 비행술이었습니다. 그 갈매기들은 조나단의 양 날개 끝에서 정확한 간격을 두고 날았습니다. 조나단은 그들을 시험해보고 싶어 비행술을 바꾸었습니다. 날개를 접어 좌우로 흔들어 시속 200킬로미터의 속도로 떨어져 내렸습니다. 그러고는 그 속도에서 곧장 천천히 몸을 돌리며 하늘로 솟구쳤습니다. 그 갈매기들도 미소를 지으며 똑같이 따라 했습니다. 조나단은 수평으로 날면서 말을 꺼냈습니다.

"아주 훌륭합니다. 당신들은 누구시죠?"

"조나단, 우리는 네 형제들이야. 너를 더 높은 곳, 고향으로 데려가려고 온 거야."

"저는 고향이 없습니다. 형제도요. 추방을 당했거든요."

"조나단, 넌 할 수 있어. 이제 새로운 것을 배울 시간이 된 거야."

그들의 말에 조나단은 번쩍 귀가 뜨였습니다.

'이 갈매기들 말이 맞아. 난 더 높이 날 수 있을 거야."

조나단은 그렇게도 많은 것을 배웠던 장엄한 하늘을 마지막으로 바라보며, 그 두 갈매기들을 따라 새로운 세상으로 날아갔습니다.

'이곳이 정말 하늘나라로구나.'

이런 생각에 조나단은 신이 나 웃지 않을 수가 없었습니다. 황금빛 눈동자를 반짝이던 바로 그 젊은 조나단이었지만 겉모습은 예전과 바뀌어 있었습니다. 이제 조나단의 깃털은 눈부시도록 하얗게 빛났고 날개는 윤을 낸 은박지처럼 매끄럽고 완벽했습니다. 기쁨에 넘쳐서 이 새로운 날개에 대해 알아보려고 힘을 가하기 시작했습니다. 시속 400킬로미터의 속도에서 조나단은 자신이 수평비행의 최고 속도에 가까워지고 있다는 것을 느꼈습니다. 조나단은 들쭉날쭉한 해안선을 향해 바다 위를 날고 있었습니다. 몇 안 되는 갈매기들이 낭떠러지 위로 불어오는 바람을 타고서 나는 연습을 하고 있었습니다.

'왜 갈매기들이 저렇게 몇 안 되지? 하늘이 갈매기 무리로 뒤덮여 있어야 하는데…….'

바닷가 근처에 있던 열두 마리의 갈매기들이 조나단을 맞이했습니다. 이상하게 조나단은 여기가 자신의 고향이라고 느껴졌습니다.

* * *

어느 날 저녁, 야간비행을 하지 않는 갈매기들이 모래밭에 모여 생각에 잠겨 있었습니다. 조나단은 용기를 내어 가장 나이가 많은 원로 갈매기에게 다가갔습니다.

"치앙!"

조나단이 망설이다가 말을 걸었습니다. 원로 갈매기가 다정하게 조나단을 바라보았습니다. 원로 갈매기는 나이가 들면서 오히려 힘이 더 세어졌습니다. 다른 어떤 갈

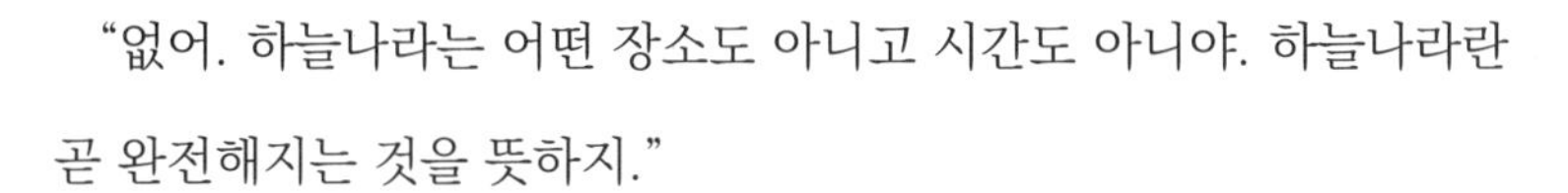

매기보다도 빨리 날았고, 다른 갈매기들이 조금씩 배우기 시작하는 비행술을 모두 완벽하게 터득한 상태였습니다.

"치앙, 여길 떠나서는 무슨 일이 일어나게 됩니까? 또 우린 어디로 가게 되나요? 하늘나라라는 곳은 없는 겁니까?"

"없어. 하늘나라는 어떤 장소도 아니고 시간도 아니야. 하늘나라란 곧 완전해지는 것을 뜻하지."

치앙은 바다 건너편을 바라보며 대답했습니다.

"참, 이상하지. 완벽하게 이동하려는 갈매기들은 아무 곳에도 가지 못 하지만, 이동하는 것에 신경을 쓰지 않는 갈매기들은 순식간에 어디든 가거든. 하늘나라란 장소나 시간이 아니야. 장소와 시간은 그 자체는 아무런 의미도 없지. 하늘이란……."

"제게도 그렇게 나는 법을 가르쳐줄 수 있나요?"

조나단은 또 다른 것을 배우고 싶어서 몸이 떨렸습니다.

"그야 물론이지. 네가 배우고 싶어 한다면."

"저는 지금 당장 그렇게 나는 법을 배우고 싶습니다."

조나단의 눈에 빛이 반짝였습니다.

치앙이 어느 때보다도 더 주의 깊게 조나단을 지켜보면서 천천히 말했습니다.

"어느 곳이든지 생각하는 것만큼 빨리 날아가려면……."

치앙이 말을 이었습니다.

"네가 이미 거기에 가 있다는 것을 아는 것으로부터 시작해야 돼."

조나단은 매일같이 해가 뜰 때부터 한밤중까지 그 비결을 익히려는 열정에 온통 사로잡혀 있었습니다. 그런데 모든 노력을 다했음에도 불구하고 그는 서 있는 지점에서 깃털 폭만큼도 이동할 수 없었습니다.

그러던 어느 날이었습니다. 조나단이 눈을 감고 정신을 집중하며 서 있을 때, 별안간 치앙이 자신에게 했던 말을 문득 깨달았습니다.

"그래, 그 말이 옳아. 나는 완전하고 무한히 발전할 수 있는 갈매기다!"

그는 그 사실을 깨닫는 순간 정신이 아찔할 정도로 엄청난 기쁨을 맛보았습니다.

"그래, 바로 그것이다!"

치앙의 목소리는 벅찬 성취감으로 가득찼습니다. 조나단은 눈을 떴습니다. 그는 원로 갈매기와 단둘이 전혀 낯선 해변에 서 있었습니다. 나무들이 물 가장자리에는 죽 서 있고 서로 닮은 두 마리 노란 새가 하늘 높이 날고 있었습니다.

"조나단, 드디어 해냈구나!"

조나단은 매우 놀라 어리둥절했습니다.

"도대체 여기가 어디예요?"

"우리는 초록색 하늘이 있고 태양 대신 두 개의 별이 떠 있는 어떤 유성 위에 있다."

치앙은 조나단의 물음에 덤덤하게 말했지만 조나단은 환희에 찬 소리로 외쳤습니다. 그것은 그가 고향 땅을 떠나온 후 처음 질러 본 큰 소리였습니다.

"와, 난 해냈어, 해냈다구!"

"그래, 해낸 거야! 존……. 네가 무엇을 하고 있는지를 알 때, 언제든지 성취될 수 있는 거지. 자, 이제는 마음과 힘을 조절하는 일에 전력을 다하는 거다."

원로 갈매기 치앙도 젊은 조나단의 도전에 마음속으로 아낌없는 박수를 보냈습니다.

아가랑 소곤소곤

'높이 나는 새가 멀리 본다' 이 구절은 언제 들어도 참 멋지지? 등산할 때도 정상까지 올라가 '야호'를 외치면 산 아래가 다 내려다보여서 뿌듯하고 성취감도 커지거든. 우리 아가도 조나단처럼 꿈을 크게 가졌으면 좋겠어. 현실이 아무리 힘들더라도 꿈을 향해 당당히 걸어가라고 엄마는 부탁하고 싶구나. 그 뒤에 엄마 아빠가 언제나 든든히 있어 줄게!

나무를 심은 사람

이야기를 들어보렴

지금은 온 사방이 초록빛 산으로 둘러싸여 있지만 몇십 년 전만 해도 우리나라는 벌거숭이 산이 많아 여름이면 홍수가 잦았다는구나. 이 글은 알프스의 어느 황량한 계곡에서 양치기 노인이 반백 년 동안 나무를 심어 결국 풍요로운 숲으로 바꾸었다는 이야기를 담고 있단다. 나무 한 그루가 얼마나 좋은 일을 많이 하는지 이 글을 보면 놀랄 거야.

그를 만난 것은 약 40여 년 전의 일입니다.

나는 사람들이 잘 가지 않는 고산지대로 여행을 떠났습니다. 그곳은 알프스산맥이 프로방스 지방으로 뻗어 내린 산악지대였습니다. 나는 해발 1,300미터의 산악지대에 있는 헐벗고 단조로운 황무지로 먼 도보여행을 갔습니다.

그곳엔 야생 라벤더 말고는 아무것도 자라지 않았습니다. 그곳에서 사흘을 걸어가니 더없이 황폐한 곳이 나타났습니다. 그곳엔 버려진 마을의 폐가들만 앙상한 뼈대를 드러내고 있었습니다. 마실 물을 전날부터 찾아 우물이 있을 만한 곳을 살펴봐도 샘이 있던 흔적은 있으나 바싹 말라붙어 있었습니다. 나무라고는 없는 땅 위로 세찬 바람이 휘이잉 불어, 마치 짐승들이 으르렁거리는 소리처럼 들렸습니다.

그런데 저 멀리에 작은 실루엣 하나가 서 있는 것 같았습니다. 혹시나 나무둥치가 아닌가 해서 그곳으로 걸어가 보니 그것은 양치기였습니다. 그는 나에게 물병을 건네주었습니다. 잠시 후 고원의 우묵한 곳으로 데려가 천연의 우물에서 맛 좋은 물을 도르래로 길어 올렸습니다. 그 양치기는 오두막이 아니라 돌로 만든 제대로 된 집에서 살고 있었습니다.

그 집에서 그날 밤을 묵고 마을 사정을 들었습니다. 이웃 마을에는 숯을 만들어 파는 나무꾼들이 살았습니다. 이야기 끝에 양치기는 도토리 한 무더기를 탁자 위에 쏟아 놓았습니다. 도토리 하나하나를 아주 주의 깊게 살펴보더니, 튼실하고 매끈매끈한 것들만 골라 따로 담아 두었습니다.

그가 하는 일이 궁금해서 하루를 더 묵으면서 그를 따라 다녔습니다. 그는 양떼를 몰고 풀밭으로 가기 전에 도토리 자루를 지고 지팡이 대신 쇠막대를 들고 나섰습니다. 양떼를 개에게 돌보도록 맡기고, 그는 산등성이 황무지에 도착하여 쇠막대기로 구멍을 파고는 도토리를 심고 다시 덮었습니다. 그는 떡갈나무를 심고 있었습니다. 나는 궁금해서 조심스레 물어보았습니다.

"혹시 이 땅이 당신 것입니까?"

"아닙니다."

그는 아주 건조하게 답했습니다. 마치 그런 게 뭐가 중요하냐고 묻는 것 같았습니다.

그는 누구의 땅이든 관심조차 없었습니다. 하지만 그는 아주 정성스럽게 도토리를 심었습니다. 그는 3년 전부터 이 황무지에 홀로 나무를 심어왔다고 했습니다. 도토리 10만 개를 심었는데 2만 그루의 싹이 나왔답니다. 들쥐나 산토끼들이 갉아먹거나 태풍 등으로 해서 2만 그루 중에 겨우 절반인 1만 그루가 살아남아 자랄 것이라고 했습니다.

그는 쉰 살이 넘었다고 했으며 그제야 '엘제아르 부피에'라고 이름을 밝혔습니다. 지난날 그는 농장을 가꾸고 가족과 살았으나 그들이 세상을 떠나고 나자, 달리 중요한 일도 특별히 없었기에 이런 황무지 상태를 바꾸어 보기로 결심했다는 겁니다. 그는 나무가 없기 때문에 땅이 죽어간다고 생각했습니다. 그는 집 주변에 너도밤나무 묘목도 기르고 있었고, 습기가 있는 골짜기에는 자작나무를 심을 예정이라고 했습니다.

* * *

이듬해인 1914년 1차 세계대전이 일어나 나는 5년 동안 전쟁터에서 싸웠습니다. 전쟁이 끝난 뒤 후유증으로 조금이라도 맑은 공기를 마시고 싶어 그 황무지의 땅을 다시 찾아 나섰습니다. 그곳은 변함이 없었습니다. 그러나 자세히 보니 황폐한 마을 너머 멀리 회색빛 안개 같은 것이 융단처럼 산등성이를 덮고 있었습니다. '떡갈나무 1만 그루라면 꽤 넓은 땅을 차지하고 있을 거야'라는 생각이 문득 들었습니다.

1910년에 심은 떡갈나무들은 그때 열 살이 되어, 나와 엘제아르 부피에의 키보다 더 높이 자라 있었습니다. 참으로 놀라서 입이 떡 벌어졌습니다. 말없이 그 숲속을 거닐어 보았습니다. 이 모든 것이 기계장비 하나 없이 오직 한 사람의 영혼과 손에서 나온 것이라니! 그는 훌륭한 자작나무 숲도 보여주었습니다. 5년 전, 그러니까

1915년 내가 전쟁터에서 싸울 때 심은 나무들이었습니다. 자작나무들은 젊은이처럼 부드러웠고 튼튼하게 서 있었습니다.

창조란 꼬리를 물고 새로운 변화를 가져오는 것 같았습니다. 마을로 내려오다가 개울에 물이 흐르는 것을 보았습니다. 자연이 그렇게 멋진 변화를 잇달아 만들어 내는 것을 처음 보았습니다. 바람도 씨앗을 퍼뜨려 주었습니다. 물이 다시 나타나자 그와 함께 버드나무와 갈대가, 풀밭과 기름진 땅이, 꽃들이, 그리고 삶의 이유 같은 것들이 되돌아왔습니다.

그 모든 변화는 아주 천천히 일어났기 때문에 사람들은 한 사람의 노력이라고 아

무도 눈치채지 못했습니다. 그저 땅이 자연스럽게 부리는 변덕 탓이라고 여겼습니다. 그래서 아무도 부피에가 하는 일에 간섭하지 않았습니다. 사람들이 그가 한 일이라고 의심했다면 그의 일을 방해했을 겁니다. 산림 관리자들이나 마을 사람들이나 누군들 그처럼 고결하고 훌륭한 일을 그렇게 고집스럽게 계속할 수 있다고 어찌 상상이나 할 수 있었을까요?

* * *

나는 1920년부터 해마다 엘제아르 부피에를 찾아갔습니다. 한때는 1년 동안에 1만 그루의 단풍나무를 심었으나 모두 죽어버린 일도 있었습니다. 그는 홀로 철저히 고독 속에서 어려움과 좌절을 이겨내고 있었습니다. 그리고 자신이 할 일을 고집스럽게 해 나가고 있었습니다.

1939년 2차 세계대전이 일어나자 부피에의 숲은 심각한 위기를 맞았습니다. 그 당시에는 자동차들이 목탄 가스로 움직였기에 나무가 항상 모자랐습니다. 사람들이 그가 심은 떡갈나무를 베기 시작했습니다. 하지만 숲이 도로에서 너무 멀리 떨어져 있어서 경제적이지 않아 사람들은 부피에의 숲을 포기했습니다. 부피에는 그런 사실도 모른 채 그곳에서 30킬로미터 떨어진 곳에서 평화롭게 자기 일만을 묵묵히 계속하고 있었습니다.

내가 마지막으로 그를 본 것은 1945년 6월이었습니다. 그는 여든일곱 살이었습니다. 그때, 나는 옛날 내가 걸어갔던 그 마을이 맞나 싶을 정도로 어디가 어디인지 알 수가 없었습니다. 마을 이름을 듣고서야 그 옛날의 황량했던 땅에 와 있다는 것을 알았습니다. 1913년에는 마을에 사람이라고는 단 세 명으로 거의 원시인에 가까운 비참한 삶에, 버려진 집들은 쐐기풀이 덮고 있었고 오직 죽음을 기다리는 마을 같았었는데 말입니다.

그러나 모든 것이 변해 있었습니다. 공기마저도 달라져 있었습니다. 옛날의 메마르고 거친 바람 대신에 향긋한 풀냄새를 실은 미풍이 솔솔 불어왔습니다. 샘에는 물이 넘쳐났으며 그 샘 곁에 보리수가 심어져 있어서 무척 감동적이었습니다. 잎이 무성하게 자란 이 나무는 분명 마을이 부활했다는 상징이 되었습니다. 땅값이 비싼 평지에 살던 사람들이 이주해 와 활력과 모험정신이 넘쳤습니다. 건강한 남녀와 밝은 웃음으로 시골 축제를 즐기는 소년 소녀들을 길에서 만날 수 있었습니다. 엘제아르 부피에 덕분에 이제 이곳에는 1만 명이 넘게 행복하게 살아가고 있었습니다.

엘제아르 부피에! 그를 생각할 때마다, 배운 것 없는 늙은 농부가 이토록 훌륭한 일을 이룩한 것을 보며, '경외함'이란 단어를 떠올리게 됩니다.

아가랑 소곤소곤

아가야, 너의 탄생 1주년에 돌잔치도 좋지만, 엄마는 나무를 한 그루 심고 싶구나. 10년, 100년이 넘어도 희망과 유익을 주는 나무 말이야. 주인공 '부피에'는 나무처럼 묵묵히 이 세상에 미덕을 남긴 사람이지. 이런 사람을 만나는 것만 해도 행운이라고 한 작가의 말에 엄마도 공감 백배야. 우리 아가도 이런 인격적인 인생의 스승을 만나기를 기도해본단다.

태담을 들려주면
영재를 낳아요

IQ는 유전자보다 태내 환경이 결정적

'태교'라는 말은 중국 한나라 사람 유향(B.C.77-A.D.6)이 쓴 〈열녀전〉에 처음 등장합니다. 18세기 후반 조선에서는 〈태교신기〉라는 세계 최초의 태교 교과서가 탄생합니다. 반면 같은 시대의 루소가 서양 교육서의 대표 격인 〈에밀〉에서 '태아는 아무것도 모른다'고 한 것과 대조적입니다.

20세기부터는 서양학자들도 동양의 태교를 활발하게 연구했습니다. '태아가 어떻게 자라는가'를 연구한 조사 보고서에서 미국 피츠버그대의 연구진은 '유전자는 사람의 IQ를 결정하는 데 48%의 역할밖에 못 한다'고 밝혔습니다. 자궁 속 환경이 IQ에 결정적이라는 것입니다. 조선 후기 사주당 이씨의 〈태교신기〉에서는 태교에 대해 '태어나서 스승의 십 년 가르침보다 배 속에서의 열 달 가르침이 더 낫다'고 정의합니다.

일찍이 유대인들은 태교에서 낭독, 그중에서도 아빠의 낭독을 강조해왔습니다. 낭독은 아기의 뇌를 깨워 배 속에서부터 영재를 준비할 수 있다는 것입니다.

오늘날 뇌 과학자들은 임신 24주면 태아의 뇌세포가 매일 5,000만~6,000만 개씩 생성되어 5개월부터는 소리를 기억하고 8개월이면 운율과 리듬감을 느낀다고 이야기합니다.

따라서 매일 밤 엄마, 아빠가 낭독을 반복해주면 태아의 뇌 발달은 물론 정서적인 안정감과 엄마와 아기 사이의 친밀한 유대감을 형성할 수 있습니다.

스세딕 부부의 태담 태교

우리 아이가 영재이길 바란다면 낭독에서 한 단계 업그레이드한 '태담'을 권하고 싶습니다.

'태담' 하면 '스세딕 부부의 태교법'이 떠오릅니다. 스세딕 태교법은 평범한 IQ를 가진 스세딕 부부가 딸 넷을 모두 영재로 키워 유명해진 태교법입니다. 기계공 아빠 조셉 스세딕과 일본인 아내 지쓰코 스세딕 부부는 아기를 가졌을 때

태아에게 낱말이나 숫자카드 등으로 다양한 주제의 이야기를 들려주었다고 합니다.

이런 태담 대화법이 태아의 두뇌와 감성을 발달시킬 수 있었으며, 결국 유전자보다 더 중요한 것은 태내 환경임을 입증한 것입니다. 태담이야말로 아기의 뇌를 자극해서 소통하므로 최적화된 영재 태교라고 할 수 있습니다.

실제로 태담을 하면서 임산부는 자신이 정말 엄마가 되어간다는 느낌에 배 속의 아기에게 더욱 애정을 쏟게 됩니다. 태담을 할 때는 부부가 함께하는 것이 좋습니다. 특히 아빠의 역할이 매우 중요합니다. 뇌 태교 연구에 따르면, 남성의 저음은 태아를 둘러싸고 있는 양수를 잘 통과하기 때문에 태아에게 잘 전달된다고 합니다. 임신 5개월부터 태아에게 아빠의 책 읽는 소리를 반복해서 들려주면 매우 효과적입니다.

만약 아빠의 소리를 자주 들려줄 형편이 안되면 녹음해서라도 들려주는 것이 좋습니다. 남편이 고작 한두 마디로 얼른 끝내거나 쑥스러워한다면 아내가 보다 적극적으로 도와줄 필요가 있습니다.

'아빠도 태담을 멋지게 할 수 있어요' 아빠 태담법 7가지

1) 태명 "OO야"를 부르며 시작하고, 두세 문장으로 짧게 말한다.

2) 쑥스러워서 망설여지면 아내가 미리 문장을 만들어서 읽게 해준다.

3) 아내가 먼저 태담하는 모습을 남편에게 보여준다. 아내의 태담을 녹음했다가 남편이 따라 해도 좋다.

4) 좋은 문구나 동시, 특히 모음이 많은 자장가를 들려준다.

5) 하루의 일을 아기에게 독백하듯 해주거나 책을 읽고 느낌을 이야기해준다.

6) 끝날 때는 태아에게 사랑한다고 말하고 따뜻한 인사로 마무리한다.

7) 억지로 매일 하려고 하기보다는 차라리 틈을 두고 하는 것이 좋다.

꿈꿀 수 있다면

그 꿈을 이룰 수도 있다

– 월트 디즈니 –

마음에 새겨두고 싶은

또박또박, 명언 쓰기

제2장

총명하고
지혜롭게 자라렴

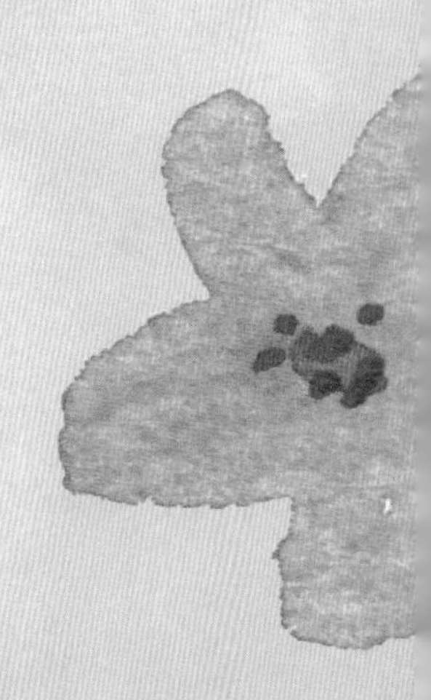

아기

조지 맥도날드

귀여운 아가야, 넌 어디에서 왔니?
저 멀리 어딘가에서 이리로 왔어요

눈빛은 어떻게 그렇게 반짝이니?
반짝이는 별이 들어있나 봐요

네 이마는 어찌 그리 보드랍지?
부드러운 손길이 어루만져주었어요

팔과 손은 어디서 났니?
사랑이 변해서 손과 팔이 되더군요

그런데 귀여운 아가야,
네가 어떻게 우리에게 왔지?
신의 뜻에 따라 엄마 아빠에게 왔답니다

진주를 삼킨 거위

이야기를 들어보렴

엄마는 네가 오고부터는 '생명의 존귀함'에 대해 많이 생각해보게 되었어. 세종대왕 시절 윤회라는 대학자도 그랬나 봐. 그는 풀 한 포기, 개미 한 마리도 사람 목숨처럼 아끼는 덕성과 지혜를 가져서 칭송받았던 선비였대. 우리 아가에게 들려주고 싶은 이야기로 골라봤어. 귀를 쫑긋 기울여보렴.

윤회가 젊은 시절 일이었어요.

한양 길을 오가다 날이 저물어 부잣집에서 하룻밤 묵기를 청했어요. 부잣집 주인은 후줄근한 선비의 행색을 보더니 퉁명스럽게 대꾸했어요.

"오늘은 행랑채 방이 다 차서 잘 곳이 없소이다."

그러자 윤회는 다급한 마음에 다시 물었어요.

"방이 없으면 헛간이라도 좋으니 하룻밤 묵고 가게 해주시오."

주인이 마지못해 거적때기 하나를 내주며 헛간에서 깔고 자도록 해주었어요. 저녁을 먹고 윤회가 헛간에 앉아 있었는데, 거위 한 마리가 뒤뚱거리며 헛간 쪽으로 걸어오고 있었어요.

마침 그때, 예닐곱 살쯤 되어 보이는 아이가 마당에서 쫄랑쫄랑 뛰어나왔어요. 그러다가 그만 돌부리에 걸려 넘어졌지요.

"아얏!"

아이는 넘어지면서 그만 손에 들고 놀았던 구슬을 떨어뜨렸어요. 구슬은 떼구르르 굴러 윤회가 앉아 있는 부근에 와서 멈추었어요. 아이는 놀라 구슬을 찾느라 땅바닥 이곳저곳을 뒤져보기 시작했어요. 그 잠깐 사이, 윤회는 거위가 무언가를 꿀꺽 집어삼키는 것을 얼핏 보았어요. 그 아이는 한참을 찾아도 구슬이 보이지 않자, 그만 울음보를 터뜨리며 안채를 향해 뛰어 들어갔어요.

"어머니, 구슬이 없어졌어요."

"뭐라고? 그게 진주인데……. 잃어버렸다고?"

주인 내외는 놀라 소리를 지르며 바깥마당으로 뛰어나왔습니다. 아이는 손가락을 헛간 쪽으로 가리키며 울지 않겠어요! 순간 주인은 윤회를 향해 의심의 눈초리를 보내면서 버럭 고함을 치는 것이었어요.

"저놈이 진주 구슬을 훔쳐갔다. 내일 관가에 가 고발할 참이니 꽁꽁 묶어 둬라."

아닌 밤중에 홍두깨라더니, 윤회는 갑자기 도둑으로 몰리게 되었어요. 하지만 윤회는 저항하지도 않고 변명도 하지 않고 순순히 밧줄에 묶였습니다. 그러면서 부잣집 주인에게 말했어요.

"이보시오, 주인장. 아침까지 저 거위를 내 옆에 같이 묶어두시오."

주인은 터무니없는 부탁에 화가 났지만 내일 관가에 가면 다 밝혀질 일이라 거위

를 그 옆에 묶어두었어요.

* * *

다음 날, 날이 밝자 윤회가 주인에게 말했어요.

"주인장, 나를 관가로 끌고 가기 전에 먼저 저 거위의 똥을 자세히 살펴보시오."

주인은 윤회의 말대로 거위 똥을 살펴보니, 과연 그곳에 어제 잃어버린 진주 구슬이 있었지 뭐예요. 주인은 너무도 놀랍고 당황스러워 넙죽 엎드려 사죄하였습니다.

"아이고, 죄송합니다. 그런데 손님께서는 어제 왜 진작 말씀을 하지 않았습니까?"

윤회가 옷을 툭툭 털고 일어서며 말했어요.

"어제 내가 말했으면 주인장은 그 자리에서 거위를 갈라 구슬을 보려 했을 것이오. 그러니 욕되더라도 잠시 참고 기다리면 거위도 살고 진주도 찾을 것이라 말을 안 했던 것이오."

부잣집 주인은 그 덕에 크게 감복해 다시 머리를 조아리며 큰절을 올렸답니다.

아가랑 소곤소곤

작은 동물의 목숨도 소중하게 생각하고 지혜롭게 처신하는 덕성스러움에 엄마는 조용히 감동이 밀려왔어. 세종대왕도 그런 윤회의 인품을 인정해서 집현전 일과 같은 막중한 나랏일을 맡겼다고 하는구나. 앞으로 우리 아기도 윤회처럼 훌륭한 인품과 지혜를 가진 사람으로 자라났으면 좋겠어. 그러기 위해 세상에서 가장 아름다운 이야기를 한 편씩 너에게 읽어주려고 해. 아가랑 함께 이 엄마에게도 지혜가 쑥쑥 자라는 시간이 될 것 같구나.

솔로몬과 어머니

이야기를 들어보렴

<탈무드>라는 책에는 지혜로운 스토리가 듬뿍 들어있단다. 2천여 년을 떠돌아다닌 유대인들에게 늘 힘이 된 책이었어. 오늘은 탈무드의 솔로몬 왕 이야기를 들려주고 싶어. 언제 들어도 솔로몬의 지혜에 무릎을 '탁' 칠 정도야. 우리 아가도 이런 지혜로운 사람으로 자라주길 바라면서 솔로몬 왕 이야기를 함께 읽어보자.

어느 날, 솔로몬 왕 앞으로 두 여인이 아기를 안고 찾아왔어요.

두 사람은 서로 '자기 아기'라며 괴로운 표정으로 호소했습니다.

"현명한 왕이시여. 제발 제 아이를 가려주세요!"

왕은 두 여인의 얼굴과 아기를 번갈아 쳐다보았으나 아무리 봐도 누구를 더 닮았는지 알 수가 없었어요.

"이 아기가 어디서 태어났느냐?"

그렇게 솔로몬 왕은 아기의 탄생과 습관 등 여러 가지를 조사했지만 두 여인의 답은 똑같았어요. 두 여인이 슬퍼하며 진실을 가려달라고 하니 여간 난감한 일이 아니었어요.

'그렇지, 그런 방법이 있었지!'

문득 좋은 생각이 솔로몬의 머릿속에 떠올랐어요. 당시 유대 사회에서는 물건의 소유자가 정확하지 않으면 반으로 공평하게 나눠 가지는 것이 관례여서 그대로 판결을 내리기로 했어요. 이윽고 솔로몬 왕은 엄한 목소리로 말했어요.

"여봐라! 서로 제 자식이라 하니 방법은 딱 하나밖에 없다."

두 여인과 신하들이 침을 삼키며 왕의 입만 쳐다보았어요.

"아기는 하나인데 어미가 둘이니, 관례대로 공평하게 아기를 둘로 나누어 가지거라!"

그 자리에 있던 사람들은 모두 귀를 의심하며 놀랐습니다. 곧 칼을 든 병정들이 저벅저벅 걸어 들어왔어요. 바로 그때, 자기가 진짜 어머니라고 호소하던 여인 중 한 명이 새파랗게 질려 미친 듯이 울부짖으며 달려들었어요.

"아악! 안 됩니다! 절대 안 돼요……."

그녀는 넋이 나간 듯 울며 말했어요.

"네, 저 여자의 아기입니다. 제가 거짓말을 했습니다. 제발 아기를 살려주세요. 부탁입니다. 제발!"

그러자 한 여인은 입에 미소를 흘리며 자랑스레 아기를 끌어안았어요.

"보세요. 저 여자가 거짓말을 했다고 하잖아요."

다른 한 여인은 뒤돌아서 어깨를 들썩이며 눈물만 흘리고 있었어요. 그 모습을 본 솔로몬 왕은 드디어 진짜 판결을 내리겠노라고 다시 선포했어요.

"눈물을 흘리고 있는 저 여인이 진짜 이 아기의 어머니이다. 그러니 어서 아기를

저 여인에게 건네주도록 하라!"

그러자 아기를 안고 있던 여인이 눈을 크게 뜨고 따져 물었어요.

"저 여자는 자신이 거짓말을 했다고 인정했어요. 그런데도 왕께서는 왜 저 여자가 진짜라고 하십니까?"

"당신은 아기를 죽여서라도 진짜 어머니인 것을 증명하려고 했다. 저 여인은 거짓말쟁이가 돼도 좋으니 아기를 살려달라고 했다. 아기를 사랑하는 마음이 어머니의 진짜 마음인 것이다."

재판장에 모인 많은 백성들은 솔로몬의 현명하고 지혜로운 판결에 모두 환호성을 지르며 박수를 쳤어요.

"와! 우리의 현명하고 자애로운 대왕이시여, 만세!"

아가랑 소곤소곤

네가 엄마한테 오고 이 세상을 다 가진 것처럼 행복했단다. 무엇과도 바꿀 수 없는 우리 아기. 솔로몬 왕의 지혜로운 판결은 엄마의 모성 본능을 통찰하는 혜안이 있었기 때문에 가능했을 거야. 엄마는 본능적으로 아기의 목숨을 살리기 위해서라면 그 무엇이라도 했을 테니까. 우리 아기도 슬기롭게 잘 커서 어려운 일을 만나도 지혜로 극복할 수 있는 사람이 되었으면 좋겠구나.

종다리와 농부

이야기를 들어보렴

종다리는 농촌에서 흔히 볼 수 있는 새란다. '종달새' 혹은 '노고지리'라고도 부르지. 종다리 가족의 대화를 통해 자기 일을 차일피일 미루며 남에게 의지하려는 모습을 딱 꼬집는 이야기가 있어. 우리 아기는 자기 일은 미루지 않고 스스로 하는 사람이 되기를 바라는 마음으로 들려주고 싶구나.

들판에 누렇게 익은 보리가 황금 물결을 이룹니다. 탐스러운 보리가 쑥쑥 잘 자란 보리밭에 멋진 집을 짓고 사는 종다리 가족이 있었습니다.

"지지배배, 지지배배!"

종다리 식구들은 먹을 게 풍부해 요즘 모두 기분이 좋습니다. 아침 일찍부터 누가 시키지 않아도 멋지게 노래들을 한 곡씩 뽑으며 즐겁게 하루를 시작합니다. 둥지에서는 새끼들도 무럭무럭 잘 자라고 있어요. 하루하루 다르게 털도 나고 날개도 튼튼해지는 새끼들을 보면서 엄마 종달새는 마냥 행복했어요.

그런 어느 날이었어요. 밭 주인이 농사가 어떻게 되었는지 꼼꼼히 밭을 둘러보다가 보리가 잘 익은 것을 보고 말했어요.

"이젠 보리를 베어야겠는데, 너무 넓어서 아무래도 혼자서는 무리야. 도와줄 사람을 찾아야겠군."

마침 그때 놀러 나왔던 새끼 종다리가 밭 주인이 하는 말을 들었어요.

"이크, 큰일이군!"

저녁때가 되어서 새끼들의 먹이를 잔뜩 품고 온 어미 종다리에게 아기 종다리가 말했어요.

"엄마, 엄마! 밭 주인이 보리를 벤다고 했어요. 보리를 베고 나면 우리 집도 없어지는 게 아니에요? 그렇게 되기 전에 빨리 다른 데로 이사 가요."

"오, 그래? 그런데 밭 주인이 당장 제 손으로 보리를 벤다고 하더냐?"

"아뇨. 도와줄 사람을 찾아야겠다고 했어요."

"그렇다면 아직 이사 가지 않아도 괜찮단다. 걱정 마, 아가야."

그렇지만 아기 종다리는 자꾸 신경이 쓰여 그날부터 열심히 보초를 섰어요. 아니나 다를까. 며칠이 지나자 밭 주인이 다시 보리밭에 나왔습니다. 밭 주인은 누렇게 잘 익은 이삭을 보고 말했어요.

"더 늦기 전에 무슨 일이 있어도 내일은 베어야겠는걸. 마을 형님네도 아랫마을 동생네도 모두 도회지로 장사하러 나가버렸으니. 도무지 일꾼이라고는 눈을 씻고 봐도 없네. 별수 없지. 내 손으로라도 내일은 꼭 베어야겠다."

아기 종다리는 한마디도 빼놓지 않고 귀를 쫑긋하며 들었어요. 그러고는 재빨리 날아가 어미 종다리에게 그 말을 전했어요.

"엄마, 엄마 밭 주인이 오늘 또 와서 보리를 베겠다고 했어요."

"이번에도 도와줄 사람을 찾는다고 하든?"

"아니요. 이번엔 당장 내일 혼자서라도 꼭 보리를 벤다고 했어요."

"그래? 그럼 오늘 당장 이사를 가야겠구나. 어서 짐을 싸자."

어미 종다리는 새끼들을 데리고 총총 서둘러 이사를 갔답니다. 다음날, 밭 주인은 정말 보리밭을 모두 베어버렸어요.

* * *

종다리 식구들은 새로운 보금자리를 찾았습니다. 이젠 위협할 사람들이 없다는 생각에 두 다리 뻗고 쉴 수 있었어요. 아기 종다리는 며칠 전부터 궁금했던 것을 엄마 종다리 곁에 다가가 물었어요.

"엄마, 왜 처음에 밭 주인이 나타나 보리를 베겠다고 했을 땐 '걱정 마'라고 하시고 두 번째 밭 주인이 나타났을 때 바로 이사 가야 한다고 하신 거죠?"

어미 종다리는 아기 종다리를 사랑스럽게 쳐다보면서 싱긋 웃으며 답했어요.

"처음 밭 주인이 왔을 때는 도와줄 사람을 찾아봐야겠다는 말을 했잖니. 다른 사람의 도움을 기대한다는 것은 별로 급하지 않다는 뜻이지. 밭 주인이 두 번째 와서 제 손으로 베겠다니, 남에게 의지하지 않는다는 건 일을 서두르겠다는 뜻이란다."

아기 종다리는 엄마가 하늘보다 커 보였어요. 그리고 속으로 '우리 엄마 최고!'라고 외쳤습니다.

아가랑 소곤소곤

아가야, 요즘 엄마는 입덧이 감쪽같이 사라져서 살 것 같아. 너의 외할머니께서 때가 되면 괜찮다고 했지만 좀 불안했거든. 엄마 종다리처럼 세상을 먼저 살아본 사람들의 지혜는 보석 같구나. 엄마도 이렇게 좋은 글로써 지혜를 배우면서 쑥쑥 자라고 있는 느낌인데 우리 아가도 그렇지? 이렇게 매일 너랑 이야기하다 보니 얼른 보고 싶어지네. 사랑해, 하늘만큼 땅만큼!

샬롯의 거미줄

이야기를 들어보렴

<샬롯의 거미줄>은 미국 동화인데 2007년에 영화로도 소개되었단다. 엄마는 영화에 푹 빠졌다가 책을 읽게 되었어. 펀이란 여자애가 키운 아기 돼지 윌버가 샬롯이라는 거미 덕분에 목숨을 구할 뿐 아니라 아주 유명하게 되는 이야기지. 영화에 등장하는 가축들이 얼마나 귀엽던지……. 우리 아기가 크면 꼭 같이 보고 싶구나.

아기 돼지 윌버는 샬롯이 거미줄 짜는 모습을 구경하길 좋아했어요.

하루는 샬롯이 바쁘게 작업하고 있는데 윌버가 말했어요.

"샬롯 넌 다리가 털투성이구나."

"내 다리에 털이 많은 건 다 이유가 있지."

샬롯이 대답했어요.

"내 다리는 일곱 마디로 되어있어. 엉치뼈마디, 대퇴마디, 넓적다리마디, 무릎마디, 정강이마디, 종아리마디, 발목마디, 발마디로 말이야."

월버가 똑바로 앉으며 말했어요.

"농담이지?"

"아니, 전혀."

샬롯은 농담이 아니라고 말했어요.

"이름을 다시 말해볼래? 무슨 말인지 모르겠어."

샬롯은 일곱 마디의 다리를 차례로 읊었어요.

월버는 "세상에!"라고 놀라워하며 자신의 포동포동한 다리를 내려다보며 말했어요.

"내 다리는 일곱 마디는 아니지만 나도 하려고만 하면 거미줄을 짤 수 있을 것 같은데?"

"그래, 월버. 거미줄 짜는 일은 아주 재미있어. 어떻게 하는 건지 잘 봐."

샬롯은 웃으며 말했어요.

"숨을 깊게 들이마셔. 그리고 네가 올라갈 수 있는 데까지 높이 올라가 봐. 그런 다음 방적돌기로 점액을 만들고 공중으로 몸을 날려서 아래로 떨어지면서 거미줄을 쭈욱 뽑아내는 거야!"

월버는 잠시 망설이다가 허공으로 껑충 뛰어나갔어요. 자기 뒤에서 줄이 나와서 떨어지지 않게 잡아주는지 흘깃 뒤를 쳐다보다가 곧바로 '쿵!'하는 소리와 함께 바닥으로 곤두박질치고 말았어요.

월버는 꿀꿀거렸고 샬롯은 너무 웃어서 거미줄이 흔들렸어요. 모두가 배를 잡고 까르르댔습니다.

저녁이 되자 주커만 씨 농장의 헛간에도 평온한 기운이 감돌았어요. 그런데 월버는 낮에 늙은 양이 한 말이 귓가에 들려와 몸을 부르르 떨었어요.

“샬롯, 난 정말 무서워. 크리스마스 때 주커만 아저씨가 진짜 날 잡아먹어 버리면…….”

“걱정 마, 윌버. 내가 너를 꼭 구해줄 거야. 그리고 우린 모두 너랑 같이 있을 거야.”

윌버는 자신을 어떻게 구할 수 있는지 애가 타서 물었지만 샬롯은 냉정하고 침착하게 대답했어요.

“글쎄, 지금은 잘 모르겠지만 계속 구상 중이야. 거미줄 꼭대기에 거꾸로 매달려 있을 때, 그때 생각을 하는 거야. 피가 온통 머리로 모이거든.”

윌버는 어두컴컴한 구석으로 걸어가 엎드렸어요. 자신도 간절히 무엇을 하고 싶었지만 샬롯은 늘 혼자 일하는 게 좋다며 윌버를 다독였어요. 매일매일 샬롯은 거꾸로 매달려서 뾰족한 수가 떠오르기를 기다렸어요. 윌버의 목숨을 구해주기로 약속했기 때문에 열심히 생각하면 좋은 아이디어가 떠오르리라고 확신하고 있었어요.

마침내 칠월 중순으로 접어드는 어느 날 아침, 드디어 좋은 생각이 떠올랐어요. 샬롯은 무릎을 ‘탁’ 치며 소리쳤어요.

“이런, 너무 간단하잖아! 윌버의 목숨을 구하려면 주커만 아저씨를 속이면 돼. 내가 벌레를 속일 수 있으면 분명히 사람도 속일 수 있어. 사람들은 아둔하지. 벌레만큼 영리하지 않으니까.”

“사람들이 벌레보다 아둔하다니, 그것 참 고마운 일이네.”

윌버는 그렇게 대답하고 울타리 그늘에 누워 곤히 잠들었어요. 하지만 샬롯은 여전히 눈을 크게 뜨고 계획을 짰어요. 여름이 절반이나 지나갔으니 시간이 얼마 남지 않았다는 것을 알았어요.

* * *

서늘하고 부드러운 저녁 공기를 맞으며 샬롯은 다시 분발해서 거미줄을 짰습니다. 샬롯은 거미줄 한 부분을 큼직하게 찢어내서 한복판에 뻥 뚫린 공간을 남겨두었어요. 그런 다음 그 공간에 다른 거미줄을 짜기 시작했어요. 거미줄은 가늘고 섬세한 실로 만들어져 있지만 쉽사리 끊어지지 않을 정도로 질깁니다. 하지만 벌레들이 걸려 발버둥치기 때문에 거미줄은 날마다 찢어져 다시 짜야 합니다. 샬롯은 다른 가축들이 졸고 있는 동안에 꾸준히 작업을 했어요. 아무도 샬롯이 무슨 일을 하고 있는지 알아채지 못했어요.

안개가 자욱한 아침이면 샬롯의 거미줄은 정말 아름다웠어요. 거미줄은 빛을 받아 반짝였으며 사랑스럽고 신비로운 무늬를 만들어냈어요. 고운 면사포 같았어요.

마침 그때, 농장의 러비 아저씨가 윌버의 아침밥을 가지고 헛간에 들어오다가 무심코 거미줄을 보았습니다. 뭔가 이상한 느낌이 들었는지 다시 쳐다보다가, 들고 있던 양동이를 바닥에 그만 내던졌어요. 거미줄 한가운데에 선명하고 굵게 글자가 짜여있었지 뭐예요. 바로 이렇게.

'대단한 돼지'

러비 아저씨는 손으로 눈을 몇 번이나 비비며 샬롯의 거미줄을 뚫어지게 쳐다보았어요.

'내가 허깨비를 보고 있는 거야.'

그는 짧게 기도문을 중얼거리더니 윌버의 아침밥은 까맣게 잊어버리고 집으로 달려가 농장 주인 주커만을 불렀어요. 주커만 씨는 아침부터 무슨 엉뚱한 소리냐며 투덜대다가, 거미줄에 써 있는 글자를 보고는 놀라 자빠졌어요. 러비와 주커만 씨는 '대

단한 돼지'라고 쓴 글사를 되뇌며 윌버와 샬롯을 몇 번이나 번갈아 쳐다보았어요. 샬롯은 밤새 애를 쓴 탓에 졸렸지만, 이 광경을 보며 웃음을 지었어요.

"자네 생각에는 설마 저 거미가……."

주커만은 끝내 말을 맺지 못하고 심각한 표정으로 집에 와 아내에게 이야기했어요.

"여보, 우리 돼지는 보통 돼지가 아닌 것 같아."

"아니, 왜요? 무슨 일이 있었어요?"

"글쎄, 아직까지는 잘 모르겠지만 우리 농장에 기적이 일어났어. 우리 돼지 윌버는 하여튼 보통 돼지가 아니야. 계시가 나타난 거야."

주커만 부인도 궁금해서 헛간으로 달려가 거미줄에 새겨진 글자를 보고는 입을 다물 줄 몰랐어요. 러비와 주커만 부부 세 사람은 거미줄에 써 있는 글자를 읽고 또 읽으며 한 시간가량 넋을 놓고 있었어요. 샬롯은 농장 사람들이 모두 놀라는 것을 보며 윌버를 위해 잘한 일 같아 매우 기뻤어요. 샬롯은 꼼짝도 않고 가만히 앉아서 사람들이 놀라서 저마다 나누는 대화를 즐기며 듣고 있었어요.

잠시 후, 안개가 걷히자 거미줄의 글자가 희미해졌어요. 주커만 씨는 집으로 돌아와 가장 좋은 옷으로 갈아입고 곧장 목사님 댁으로 갔어요. 목사님에게 농장에 일어난 기적을 설명했어요. 그 소문은 온 마을에 퍼졌어요. 모두들 주커만 씨네 농장에 놀라운 돼지가 있다는 것과 거미줄에 계시가 나타난 것을 알게 되었어요.

사람들은 윌버와 샬롯의 거미줄에 쓰인 글자를 구경하려고 자동차를 타고 수십 킬로미터 밖에서 찾아왔어요. 농장의 돼지우리 앞에서 몇 시간이나 윌버를 보며 평생 이런 돼지는 보지 못했다고 감탄했어요.

윌버는 누구보다도 행복했습니다. 자신을 이렇게 사랑해주는 샬롯이 자기 곁에 있다는 사실 때문에 말이죠!

아가랑 소곤소곤

꿀꿀꿀꿀! 이번엔 귀여운 돼지가 등장하는 동화란다. 이 이야기로 엄마는 거미줄은 어떻게 짜는지, 돼지들은 뭘 먹고 사는지 막 궁금해지더라. 우리 아기에게 다양한 세계를 들려주다가 엄마도 상식이 넓어진 느낌이네. 샬롯이 윌버를 위해 밤낮으로 거미줄을 짜는 것처럼, 엄마도 우리 아기를 위해 뜨개질을 하고 있어. 소중한 누군가를 위해 수고하는 것처럼 아름답고 행복한 것은 없는 것 같구나.

감은 누구네 것?

이야기를 들어보렴

오늘 슈퍼에 다녀오다가 담 너머에 감나무가 있는 집을 보았어. 물끄러미 쳐다보고 있는데 문득 선조 임금 때 일등 공신이었던 오성 이항복에 얽힌 감나무 일화가 떠올랐단다. 오성은 절친 한음과 더불어 어릴 때부터 재치 있는 일화를 참 많이 남겼지. 어디 한번 들어보렴.

오성이네 집 감나무엔 올가을에도 감이 주렁주렁 달렸어요. 오래된 이 감나무는 어찌나 탐스러운지 가지가 담장을 넘어 옆집까지 휘어졌어요.

'음, 불그스름한 빛깔을 보니 아주 먹음직스러운데.'

오성은 마루에 앉아 감나무를 쳐다보며 군침을 삼켰어요. 그때 담 너머에서 '따닥' 소리가 들렸어요.

"왼쪽 가지 끝에 있는 홍시부터 따야지!"

"오호, 올해도 감이 아주 잘 익었네. 먼저 대감마님께 갖다 드리자."

바로 옆집 대감댁 하인들이 감 따는 소리였어요.

"아니, 우리 집 감을 자기네들이 먼저, 염치도 없어."라고 오성은 중얼거렸습니다.

옆집 식구들은 감을 따 먹고는 모른 척하기 일쑤였답니다. 하물며 그 집 하인들은 넘어간 가지의 감을 자신들 것이라고 큰소리를 치기까지 했어요. 옆집은 높은 관직에 있는 권율 대감댁이었어요. 오성이네 선비 가족들은 대놓고 말도 못하고 점잖은 체면만 지키고 있었어요.

마침 단짝 친구 한음이 놀러왔어요. 한음은 오성의 뾰로통한 얼굴을 살폈어요. 옆에 있던 하인이 살짝 귀띔을 해주자, 그제야 한음도 오성의 심정이 이해된다며 슬쩍 말을 거들었어요.

"그러니까 저 감을 섣불리 건드렸다가는 이웃 간에 다툼이 날 수도 있겠네."

"그래서 어머니께서는 늘 입조심하라고 당부하셨어."

그렇게 말하면서도 오성은 오늘따라 슬그머니 화가 치밀어 올랐어요. 오성과 한음은 누가 먼저랄 것도 없이 머리를 갸웃거리며 뾰족한 수를 찾기 시작했어요. 잠시 후 오성의 얼굴이 확 밝아지면서 박수를 딱 쳤어요.

"아, 드디어 좋은 생각이 났어! 오늘이야말로 이 오성의 매운맛을 보여줄 때다. 넌 옆에서 구경이나 하라고."

평소 오성이 개구쟁이지만 기발한 생각을 잘하였기에 한음은 몹시 기대가 되었어요. 오성은 어른처럼 당당히 대문을 박차고 나가 권 대감댁으로 향했어요.

마침 권 대감은 사랑채에서 글을 읽고 있었어요. 오성은 조심스레 사랑채로 올라가 방문 앞에서 잠시 심호흡을 했어요. 그런 뒤 창호지를 뚫고 방문 안으로 주먹을 불쑥 집어넣었어요. 권 대감은 깜짝 놀라 소리쳤어요.

"어느 놈이 이따위 무례한 짓을 하느냐!"

오성은 기다렸다는 듯이 말했습니다.

"옆집에 사는 항복이라 하옵니다."

"그럼 이 참판의 아들이 아니냐? 그런데 왜 이런 버릇없는 짓을 하느냐?"

권 대감이 말하자 오성은 기다렸다는 듯이 힘주어 여쭈었어요.

"대감님, 이 팔이 누구 팔입니까?"

"누구 팔이냐니? 그야, 네 팔이지."

"그러면 왜 우리 감나무에 달린 감들을 이 댁 하인들이 자기 것처럼 마구 따먹습니까?"

"아, 그런 일이 있었느냐? 그, 그렇다면 잘못이지."

당황한 대감은 오성에게 짐짓 사과를 했어요. 그제야 오성은 팔을 빼고 공손하게 말했어요.

"대감님, 무례히 놀라게 해드린 점 용서해주세요."

'음, 그 녀석 맹랑하구나. 장차 큰 인물이 되겠군!'

권 대감은 오성의 뒷모습을 물끄러미 보며 고개를 끄덕거렸어요.

이런 소동이 있고 나서 며칠 뒤였어요. 권 대감댁 하인들이 오성이네에서 넘어온 가지에서 딴 감을 옻칠한 소반에 정갈하게 담아서 오성의 집으로 가져왔어요. 그 후 오성이네와 권 대감댁은 해마다 맛있는 감을 주거니 받거니 하며 사이좋게 나눠 먹었어요.

그런 일이 있고 난 뒤 권율 대감은 오성 이항복을 유심히 지켜보고 있다가 훗날 사위로 맞았답니다. 사위와 장인이 된 두 사람은 임진왜란 때 큰 공을 세웠습니다. 오성은 왜란 중 선조 임금 옆에서 지혜를 발휘해 정치를 도왔고, 권율은 행주산성에서 왜군들을 크게 무찔러 한양 수복에 앞장섰습니다.

아가랑 소곤소곤

아가야, 재치 만점 소년 이야기 재미있었니? 우리 아기도 오성처럼 재치와 지혜가 넘치는 사람으로 자랐으면 좋겠구나. 옛날엔 집집마다 감나무가 제법 많았어. 엄마 외갓집에도 커다란 감나무가 한 그루 있었는데, 늦가을에 홍시를 따먹고 나면 맨 꼭대기 하나는 까치밥으로 남겨두기도 했단다. 나중에 <호랑이와 곶감> 이야기를 들려줄 테니 기대해 봐!

볍씨 한 톨

이야기를 들어보렴

쌀에 왕겨가 붙어있는 게 볍씨란다. 왕겨를 탈곡해서 벗긴 것이 현미이고, 현미를 다시 깎아내면 흰쌀이 되는 거야. 옛날부터 우리나라 사람들은 쌀 한 톨도 소중히 여겼지. 아주 작은 것이라도 귀하게 키워가면 큰 부를 이룰 수 있다는 것을 보여주는 이야기가 있어. 들어보렴.

한 농부가 농사를 착실하게 지어서 살림을 꽤 일구었어요. 늙어서도 먹고 살 걱정은 없었지요. 이 농부에게는 아들 셋과 며느리가 있었어요. 이제 늙어서 살림을 물려줘야겠는데, 어떤 며느리가 살림을 잘 맡아서 할지 시험을 해보고 싶었어요. 농부는 세 며느리를 차례대로 한 사람씩 불렀어요. 먼저 맏며느리에게 볍씨 한 톨을 주면서 말했어요.

"자, 이것은 아주 귀한 것이니 잘 받아 두거라."

맏며느리는 무슨 금은보화라도 되나 하고 공손하게 받아들었습니다. 그러나 겨우 볍씨 한 톨인 것을 알고는 볍씨를 내던져 버렸어요.

"에이, 아버님이 이제 노망드셨나 봐."

이번에는 둘째 며느리를 불러서 볍씨 한 톨을 주었어요.

"자, 이것 받아라. 아주 귀한 것이니 잘 간수해라."

둘째 며느리도 받아들고 보니 볍씨 한 톨이었어요.

"아이고, 아버님이 장난도 심하셔."라고 하면서 볍씨를 홀라당 까먹어버렸어요.

이제 막내며느리 차례가 되어서 똑같이 한 톨을 받았습니다. 막내는 볍씨 한 톨을 받아들고는 생각했어요.

'이것을 주실 때는 무슨 뜻이 있으셨을 텐데, 이걸 어디에 쓴담?'

막내며느리는 곰곰이 생각하다 말총을 하나 뽑아서 올가미를 만들었어요. 그러고는 마당 구석에 볍씨 한 톨을 갖다 놓고 그 옆에 올가미를 놓고는 끝을 잡고 기다렸어요. 조금 있으려니 참새 한 마리가 날아와 볍씨를 먹으려고 내려앉았어요. 그때 막내며느리가 올가미를 탁 잡아당겨서 참새를 잡았어요.

때마침 옆집에서 참새를 약에 쓰려고 구하러 다닌다는 소문이 들렸어요. 그래서 막내는 참새를 주고 대신 달걀 한 알을 얻어와 암탉이 알을 품을 때 둥지에 넣어 두었어요. 얼마 후 알에서 병아리가 태어났어요. 볍씨 한 톨이 이제 병아리 한 마리가 되었지요.

막내며느리는 그 병아리를 정성 들여 잘 길렀어요. 병아리는 얼마 안 가서 큰 암탉이 되었고, 암탉이 또 알을 낳아서 여러 마리의 병아리로 자랐어요. 그 병아리가 커서 암탉 여러 마리가 되어 닭이 아주 많아졌어요. 그걸 몇 마리 팔아서 이번에는 새끼 돼지 한 마리를 샀어요. 돼지가 새끼를 치고, 그걸 키워서 몇 마리 팔아 송아지 한 마리를 샀어요. 송아지가 커서 어미 소가 되고, 어미 소가 송아지를 낳았어요. 이번에는 소를 팔아서 논을 세 마지기 샀어요. 볍씨 한 톨이 논 세 마지기가 되기까지 삼 년이 흘렀어요.

삼 년이 지나서, 하루는 시아버지가 며느리들을 불렀어요.

"삼 년 전에 내가 준 볍씨 한 톨을 어떻게 했느냐?"

맏며느리는 얼굴이 빨개져서 아무 말도 못 했어요. 둘째 역시 당황하면서 까먹었다고 대답했어요. 마지막으로 셋째에게 물어봤더니 뭔가를 내놓으면서 말했어요.

"네, 아버님. 여기 있습니다."

그것은 바로 논 세 마지기 문서였어요. 시아버지가 어떻게 된 일이냐고 물었더니 막내며느리는 그간의 이야기를 다 했어요. 듣고 있던 시아버지는 무릎을 탁 치며 말했어요.

"내가 너희들에게 똑같이 볍씨 한 톨씩 주었지만 막내만 그것으로 살림을 일구었구나. 막내는 이제부터 이 집안 살림을 맡고, 맏이와 둘째네는 남편과 함께 집을 나가거라. 나가서 재주껏 벌어 먹고 살다가 십 년 후에 돌아오너라."

그래서 할 수 없이 첫째와 둘째네 부부는 집을 떠났습니다. 세상 밖으로 나가 보니 살아가는 것이 막막했어요. 고생 고생하며 겨우 집 한 칸을 마련해서 살아가는데, 죽을 고생을 하다 보니 쌀 한 톨이 얼마나 소중한지 알게 되었어요.

그럭저럭 십 년이 흘러 아버지 집으로 돌아와 보니 아버지는 벌써 세상을 떠나고 대들보에 유언만 남아 있었어요. 그 유언에는 다음과 같이 써 있었어요.

"이제 모두 살림 소중한 것을 알게 되었을 테니 막내가 맡았던 재산을 똑같이 나누어 가지고 서로 우애 있게 살도록 해라."

이후 삼 형제는 모두 아버지 못지않은 재산을 일구며 잘 살았답니다.

아가랑 소곤소곤

볍씨 한 톨은 아주 작은 거지. 그 작은 볍씨 한 톨로 달걀을 얻고, 달걀이 닭이 되고, 닭이 돼지가 되고, 돼지가 다시 소가 되어 논까지 사게 되었다는 이야기가 '티끌 모아 태산'이라는 우리 속담을 떠오르게 하는구나. 엄마는 작은 것이라도 소중히 여기고 지혜를 발휘하면 보상을 받는다는 교훈을 얻었단다. 처음부터 큰 것만을 바라지 말고 우리에게 있는 작은 것이라도 고맙게 생각하고 소중히 여기는 마음을 가져야겠다.

생후 십 년보다 배 속의 열 달이 중요해요

조선 왕실은 태교 왕국

"김 내관, 오늘은 어디인가?"

"전하, 오늘은 숙빈마마 처소에서 침수하시옵소서."

궁중 드라마를 보면 이런 장면이 나옵니다. 왕실에서 좋은 후손을 받고자 철저히 '계획 임신'을 실행했다는 증거입니다. 왕의 잠자리는 제조상궁이나 관상감이 합궁의 길일을 정해주는 대로 행해졌던 것입니다.

왕실에서는 임신 3개월이 되면 별궁으로 거처를 옮겨 본격적인 태교에 들어갑니다. 임금과도 편지로 연락할 정도였습니다. 아침에 일어나면 옛 성현의 가르침을 새긴 옥판을 외웠습니다. 당직 내시와 상궁 · 나인들은 밤낮으로 〈천자문〉, 〈동몽선습〉, 〈명심보감〉을 낭독했습니다. 궁중 악사들은 별궁 주변에서 가야금과 거문고를 연주했는데 피리 소리는 고음이라 금물이었습니다.

음식으로는 초기에는 단맛을 경계했습니다. 뼈가 생성될 시기에 당이 분해되면서 칼슘을 빼앗아가지 못하도록 한 것입니다. 대신 두뇌에 좋은 단백질과 무기질 음식으로 콩, 두부, 채소, 김, 미역, 생선, 새우 등을 먹었습니다. 또한 옆으로 걷는 게와 뼈 없는 문어 등은 금물이었다고 기록에 전해집니다.

'태교'란 말은 기원전 중국에서 시작되었지만 우리나라에서 훨씬 발전했습니다. 조선 왕실의 태묘·태실 등은 중국에서도 찾아볼 수 없는 독특한 문화 유적물로, 조선이야말로 세계 제일의 태교 왕국이었음을 알 수 있습니다.

세종대왕은 태교를 넘어 임산부의 산후조리까지 배려한 임금이었습니다. 〈세종실록〉에 따르면 노비와 그 남편에게 출산 전후 130일 휴가를 주게 한 기록이 있습니다. 셋째를 낳은 다자녀 가정에는 쌀과 콩 10석을 주었다는 기록도 있습니다. 지금보다 600여 년이나 앞선 세종의 복지정책은 세계 역사상 유래가 없는 것입니다.

생후 십 년 가르침보다 태내 열 달 가르침이 더 낫다

이러한 왕실의 풍습은 사대부가로 흘러 들어가, 자연스럽게 온 국민이 태교를 중시하게 되었습니다. 민간에서는 '7태교'라는 임신 시의 금기해야 할 사항을 지키며 신분 고하를 막론하고 태교를 실천해왔습니다.

조선 후기 사주당 이씨는 세계 최초 태교 교과서 격인 〈태교신기〉라는 책에서 '태어나서 스승의 십 년 가르침보다 태내에서 열 달 가르침이 더 낫다'고 주장합니다. 그러면서 산모의 감정이 안정되어 편안한 것이 태교에 가장 중요하다고 이야기합니다.

'임산부가 성내면 아기가 자라서 혈병을 앓고. 임산부가 무서워하면 아기가 자라서 정신병을 앓고. 임산부가 놀라면 아기가 간질병을 앓느니라.' - 태교신기

태교신기를 비롯해 전통 태교에서는 산모의 정서를 위해 음악이나 독서를 적극 권장합니다. 독서 태교책으로 자주 접했던 것이 〈소학〉입니다.

'밤이 되면 눈먼 장님 악관에게 시를 읊게 하거나 올바른 일을 이야기하도록 하라. 이와 같이 하면 용모가 준수하고 재주가 보통 사람보다 뛰어난 아이를 낳는다.'라는 소학의 첫 구절은 교육의 뿌리가 태교임을 다시금 강조한 것입니다.

예전에는 사대부가를 제외하고 대부분의 여성들은 글을 몰랐습니다. 그래서 다른 사람이 암송해주는 좋은 글과 음악을 들으려 했습니다. 그런데 유교 도덕상 다른 남자와 한자리에 있을 수 없어서 앞을 못 보는 악관을 택한 것입니다. 이처럼 여성들이 태교를 하기에 쉽지 않은 환경이었음에도 불구하고 태교에 무척 관심이 많았다고 할 수 있습니다.

왕실에서부터 민간에 이르기까지 태교를 중시한 관습은 오늘날까지 내려와 교육열과 머리 좋은 국민으로 자리매김했습니다. 2002년 헬싱키대학 조사에 따르면 한국인의 평균 지능지수는 106으로 세계 2위로 나타났습니다. 세계수학경시대회나 국제기능올림픽 등에서도 수년간 줄곧 1, 2위를 놓치지 않는다는 것도 같은 맥락입니다.

가난한 사람은 글로써 부자가 되고

부자는 글로써 귀하게 되며

어리석은 사람은 글로써 현명해지고

현명한 사람은 글로써 부귀를 얻는다

– 왕안석 –

마음에 새겨두고 싶은

또박또박, 명언 쓰기

제3장

행복하고 사랑받는 아이로 자라렴

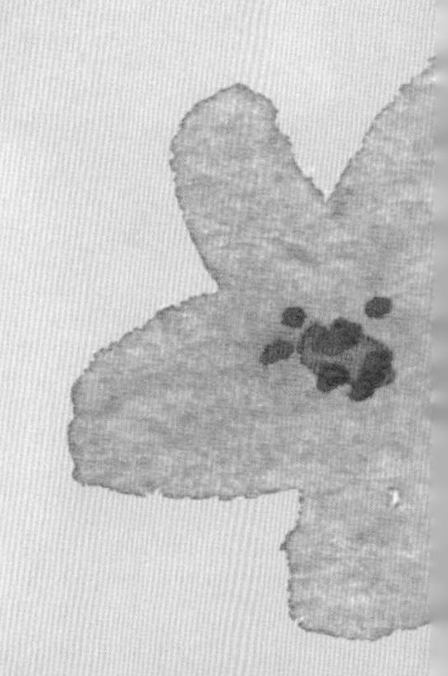

봄

윤동주

우리 아기는
아래 발치에서 코올코올

고양이는
부뚜막에서 가릉가릉

애기 바람이
나뭇가지에 소올소올

아저씨 해님이
하늘 한가운데서 째앵째앵

크리스마스 선물

이야기를 들어보렴

세상에서 가장 아름다운 크리스마스 선물은 뭘까? 값지고 화려한 선물도 좋지만 가난한 가운데도 자신이 가장 아끼는 것을 선뜻 내어줄 수 있는 그 마음이 가장 큰 선물 아니겠니? 매년 12월 크리스마스 때면 미국 단편 소설가 오 헨리의 <크리스마스 선물>이란 명작이 있어 한결 따뜻해지는 기분이란다. 오 헨리의 단편 소설 <크리스마스 선물> 속의 아름다운 사랑 이야기가 마음을 녹이는구나.

1달러 87센트!

남편 짐의 선물을 살 돈이라곤 고작 그것뿐이었습니다. 내일이 크리스마스인데……. 그것도 몇 달 동안 식료품 가게나 푸줏간 주인들로부터 '젊은 친구가 여간 깍쟁이가 아니군!'이란 소리를 들을까 봐 얼굴을 붉히며 한 푼 두 푼 깎아 모아둔 것이었습니다. 주당 20달러의 봉급으로는 어쩔 도리가 없었지요. 아껴 살아도 늘 예상보다 지출이 많았습니다.

델라는 사랑하는 짐에게 뭔가 멋진 선물을 주려고 이런저런 계획을 하면서 몇 시간 동안 생각에 잠겨 있었습니다. 뭔가 흔치 않으면서도 특별히 기억에 남는 훌륭한 선물이 없을까?

방안에는 창문과 창문 사이에 크고 길쭉한 거울이 있었습니다. 그녀는 문득 창문에서 몸을 돌려 거울 앞에 섰습니다. 눈은 맑게 빛났지만 얼굴은 20초도 안 되어 창백해졌습니다. 그녀는 재빨리 머리채를 풀어 길게 늘어뜨렸습니다. 아름다운 머리카락은 무릎 아래까지 닿았습니다.

이들 부부에게는 커다란 자랑거리가 두 가지 있었습니다. 하나는 짐이 아버지에게서 물려받은 금시계이고, 다른 하나는 델라의 긴 머리카락이었어요. 솔로몬 왕의 아내가 만일 옆집에 살고 있다면 그 왕비조차 델라의 황금빛 머리카락을 부러워했을 것입니다. 잠깐 동안 델라는 두어 줄기 눈물을 떨어뜨리며 조용히 자기 모습을 보고 서 있었습니다.

갑자기 델라의 눈이 묘하게 빛났습니다. 그녀는 곧 낡은 밤색 외투에 모자를 쓰고 방문을 나섰습니다.

델라는 '마담 소프로니 가발 전문점'이라는 간판이 걸려 있는 곳에서 걸음을 멈췄습니다. 그리고는 단숨에 계단을 뛰어올라가 헐떡이는 숨을 가라앉히며 마음을 진정시켰습니다.

"저……, 머리카락을 사지 않겠어요?"

"사고말고요. 어디 한번 모자를 벗고 머리를 잠깐 보여주시지요."

가게 여주인이 말하자 델라는 황금색의 폭포 같은 머리카락을 풀어 내렸습니다.

"20달러 드리지요."

여주인은 익숙한 손놀림으로 머리카락을 틀어 올리면서 말했습니다.

“좋아요. 빨리 계산해주세요.”

그 후 두 시간은 행복의 날개를 타고 흘러갔습니다. 그녀는 짐의 선물을 사러 여러 상점을 쏘다녔습니다.

드디어 짐에게 정말로 안성맞춤인 것을 발견했습니다. 여태 모든 상점을 샅샅이 뒤졌지만 어디서도 그와 같은 것은 발견할 수 없었지요. 그것은 바로 백금으로 된 시곗줄이었어요. 단순한 장식이었지만 고급스러워 보였습니다. 짐에게 썩 잘 어울리는 시곗줄이었습니다. 그녀는 21달러를 주고 서둘러 집으로 돌아왔습니다.

금시계에 이 시곗줄을 달면 짐은 누구 앞에서나 뽐내며 시계를 볼 수 있을 것입니다. 사실 시계는 멋졌지만 낡은 가죽끈으로 된 시곗줄 때문에 짐은 시계를 몰래 꺼내 보곤 했었거든요.

집으로 돌아오자 델라는 아낌없이 잘라버린 자신의 머리를 매만지기 시작했습니다. 가지런히 다듬어진 그녀의 머리는 너무 짧고 깡충해서 마치 장난꾸러기 학생처럼 보였습니다. 델라는 거울 앞에 서서 자신의 모습을 찬찬히 들여다보았습니다.

'짐이 나를 보기 싫다고 하지만 않는다면'하고 중얼거렸습니다.

'보자마자 코니아일랜드 합창단의 소녀 같다고 할 거야. 하지만 어쩔 수 없지 뭐. 1달러 87센트로는 아무것도 살 수 없었는걸.'

*　　*　　*

7시가 되자 델라는 커피를 끓이고 난로 위에 프라이팬을 달구어 음식 만들 준비를 했습니다. 짐은 늦게 오는 일이 없었습니다. 마침 아래층에서부터 계단을 오르는 발걸음 소리가 들렸습니다. 델라는 잠시 긴장되었습니다. 그녀는 사소한 일에도 짧게 기도하는 버릇이 있었습니다. 지금도 조용히 '하느님 짐이 저를 전과 다름없이 예쁘게 보도록 해주세요.'라고 중얼거렸습니다.

문이 열리고 짐이 들어왔습니다. 그는 야윈 데다 진지한 표정을 하고 있었습니다. 가엾게도 아직 22살밖에 되지 않았는데 가장이라는 무거운 짐을 지고 있었습니다. 외투는 낡았고 장갑도 끼지 않았습니다.

문 앞에 들어선 짐은 꼼짝도 않고 우두커니 서 있었습니다. 그는 델라를 뚫어지게 바라보았습니다. 그의 눈 속에는 델라가 도저히 이해할 수 없는 묘한 느낌이 담겨 있었습니다. 델라는 슬금슬금 탁자에서 몸을 일으켜 짐에게로 다가갔습니다.

"짐, 그런 눈으로 보지 말아요. 머리카락이야 다시 자랄 테니까……. 이제 '메리 크리스마스'라고 해봐요. 내가 얼마나 멋진 선물을 준비했는지 모를 거예요."

"머리카락을 잘랐다고?"

짐은 믿을 수 없다는 듯이 괴로운 표정으로 물었습니다.

"그래요, 팔았어요. 머리카락보다 당신이 더 소중하니까."

짐은 어처구니가 없다는 듯이 계속 서 있었습니다. 그러자 델라는 아주 상냥한 목소리로 덧붙였습니다.

"우리 맛있는 것 해 먹어요. 재료는 다 준비해놨어요."

그제야 짐은 얼이 빠진 상태에서 문득 깨어난 것 같았습니다. 그러고는 델라를 힘껏 껴안았습니다. 짐은 외투 주머니에서 조그만 상자를 꺼내어 탁자 위에 놓았습니다.

"델, 오해하지 말아요. 머리카락을 잘라버린 건 우리 사랑에 문제가 되지 않아요. 하지만 그 상자를 풀어보면 내가 왜 그랬는지 알 거야."

델라는 떨리는 마음으로 포장을 풀었습니다. 그리고 '아'하는 탄식과 함께 눈물을 줄줄 흘리기 시작했습니다. 짐은 함께 울고 싶은 심정으로 델라를 달래고 위로했습니다. 눈앞에는 예쁜 보석이 박혀있는 머리핀이 놓여있었습니다.

델라는 오래전부터 브로드웨이의 진열장에 놓여있는 그 머리핀을 갖고 싶어 했습니다. 델라의 아름다운 긴 머리에 아주 잘 어울릴 멋진 핀이었지만 값이 비싸다는 걸 그녀는 알고 있었기에 꿈에도 생각지 못하고 그저 안타깝게 구경만 했던 것입니다. 그렇게 갖고 싶었던 핀을 이제 가지게 되었는데 머리카락을 잘라 버렸으니…….

그러나 그녀는 고개를 가만히 들고 눈물을 닦으며 미소를 지었습니다.

"짐, 내 머리카락은 빨리 자라는걸요."

델라는 털을 세운 작은 고양이처럼 벌떡 일어나 '아!'하고 소리를 질렀습니다. 짐은 그녀가 준비했다는 선물을 아직 보지 못했습니다. 그녀는 손바닥을 편 후 정성스럽게 포장한 선물을 내보였습니다.

"어때요, 멋지죠, 짐? 이걸 찾느라 얼마나 거리를 뒤졌는지 알아요? 어서 시계 좀 꺼내봐요. 얼마나 잘 어울리는지 보게요."

짐은 소파에 벌렁 드러누워 머리에 깍지 낀 손을 괸 채 웃으며 말했습니다.

"델, 이번 크리스마스 선물은 당분간 잘 보관해 두기로 합시다. 나는 당신 머리핀을 사기 위해 시계를 팔았어. 자, 우리 맛있는 크리스마스 음식이나 만들어 볼까?"

아가랑 소곤소곤

사랑하는 사람에게 가장 좋은 것을 주고 싶은 델라와 짐의 마음이 참 아름답지? 엄마는 요즘 출산 준비물을 하나둘씩 마련하고 있어. 그런데 아기용품들은 왜 이렇게 종류가 많고 모두 다 예쁜지……. 우리 아가에게 가장 좋은 것을 주고 싶어서 이것저것 비교해보면서 사다 보면 나도 모르게 예상했던 금액을 훌쩍 넘겨 버릴 때가 있단다. 깜짝 놀란 아빠가 자제시키곤 하는데, 그래도 엄마는 이 시간이 너무나도 행복하구나.

장미와 어린 왕자

이야기를 들어보렴

'코끼리를 삼킨 보아뱀'이란 그림의 설명부터 눈길을 끌었던 <어린 왕자>라는 책이 있어. 1943년 프랑스의 소설가이자 비행사였던 생텍쥐페리가 쓴 이 작품은 발표되자마자 전 세계 어른들의 동화로 더 인기가 높았지. 엄마가 특히 좋아하는 구절이 있는데 너에게도 꼭 들려주고 싶구나.

어느 날, 어린 왕자는 여우에게 다가갔어요.

"언제나 같은 시각에 오는 게 더 좋을 거야." 여우가 말했어요.

"이를테면 네가 오후 네 시에 온다면 난 세 시부터 행복해지거든. 그런 마음의 움직임을 보면서 행복이 얼마나 값진 것인가를 느끼게 되겠지. 아무 때나 찾아오면 마음을 언제부터 준비해야 하는지 모르잖아. 의식이 필요하거든."

"의식이 뭐야?" 어린 왕자가 물었습니다.

"그건 같은 날이라도 다른 날과 다르게 만드는 그런 거지. 예를 들면 내가 아는 사냥꾼은 목요일이면 마을의 처녀들과 춤을 추지. 그들에게 목요일은 신나는 날이지. 사냥꾼들이 아무 때나 춤을 추면 하루하루가 똑같은 날이 되어버리잖아."

그렇게 어린 왕자는 여우를 길들였습니다. 떠나야 할 시간이 다가왔을 때 여우는 말했어요.

"아아! 난 울 것만 같아."

"그건 네 잘못이야. 나는 너의 마음을 아프게 하고 싶지 않았어. 하지만 내가 널 길들여주길 네가 원했잖아……."

"그건 그래." 여우가 말했어요.

"그런데 넌 울려고 그러잖아!" 어린 왕자가 말했어요.

"그래, 정말 그래." 여우가 말했어요.

잠시 후 여우가 다시 말을 이었습니다.

"장미꽃들을 가서 봐. 너는 너의 장미꽃이 이 세상에 오직 하나뿐이란 것을 깨닫게 될 거야. 그리고 내게 돌아와서 작별인사를 해줘. 그러면 내가 네게 한 가지 비밀을 선물할게."

어린 왕자는 장미꽃을 보러 갔습니다.

"너희들은 나의 장미와 하나도 닮지 않았어. 너희들은 아직 아무것도 아니야." 그들에게 말했습니다.

"아무도 너희들을 길들이지 않았고 너희들 역시 아무도 길들이지 않았어. 너희들은 예전의 내 여우와 같아. 그는 수많은 다른 여우들과 똑같은 여우일 뿐이었어. 하지만 내가 그를 친구로 만들었기 때문에 그는 이제 이 세상에서 오직 하나뿐인 여우야."

그러자 장미꽃들은 어쩔 줄 몰라 했습니다.

"너희들은 아름답지만 텅 비어 있어." 어린 왕자는 계속해서 말했어요.

"물론 내 꽃도 지나가는 행인에겐 너희들과 똑같이 생긴 것으로 보이겠지. 하지만 나에겐 그 꽃 한 송이가 너희 모두보다 더 중요해. 내가 그에게 물을 주었기 때문이지. 내가 벌레를 잡아준 것도 그 꽃이기 때문이야. 불평하거나 자랑을 늘어놓거나, 때로는 말없이 침묵을 지키고 있을 때도 내가 귀 기울여준 것은 그 꽃이기 때문이지. 바로 내 꽃이기 때문이지."

어린 왕자는 여우에게로 돌아갔습니다.

"안녕." 어린 왕자가 말했어요.

"안녕." 여우가 말했어요.

"내 비밀은 이런 거야. 그것은 아주 단순하지. 오로지 마음으로 보아야 잘 보인다는 거야. 가장 중요한 건 눈에 보이지 않는단다."

"가장 중요한 건 눈에 보이지 않는다."

잘 기억하기 위해 어린 왕자가 되뇌었습니다.

"너의 장미꽃을 그토록 소중하게 만드는 건 그 꽃을 위해 네가 소비한 그 시간이란다."

"내가 내 장미꽃을 위해 소비한 시간이다."

잘 기억하기 위해 어린 왕자가 말했습니다.

"사람들은 그 진리를 잊어버렸어." 여우가 말했습니다.

"하지만 넌 그것을 잊으면 안 돼. 너는 네가 길들인 것에 언제까지나 책임이 있게 되는 거지. 너는 네 장미에 대해 책임이 있어……."

"나는 장미에 대해 책임이 있어……."

잘 기억하기 위해 어린 왕자는 되뇌었습니다.

아가랑 소곤소곤

'가장 소중한 건 눈에 보이지 않는다'는 말, 너무 멋지지 않니? 지금은 엄마 배 속에 있는 너를 볼 수 없지만, 널 기다리고 준비하는 이 시간이 얼마나 소중한지 모르겠구나. 어린 왕자의 그림을 보며 사랑스러운 우리 아기의 모습도 상상해보았어. 이런 시간 속에서 엄마는 사랑의 의미를 하나씩 알아가는 것 같아. 고마워, 아가야!

사랑과 미움

이야기를 들어보렴

이 세상에서 가장 아름답고 위대한 가치는 '사랑'이란다. 그 사랑은 가족을 통해 배우고 깨우치고 남에게 전해주기도 하지. 1860년대 미국 남북전쟁을 배경으로 네 자매의 사랑과 성장 이야기가 펼쳐지는 <작은 아씨들>을 읽어주고 싶구나. 읽으면 마음이 따뜻해지는 걸 느끼게 될 거야.

어느 화창한 주말 오후입니다. 메기와 조, 두 언니는 외출 준비로 바빴습니다. 막내 에이미는 무슨 일인지 궁금해졌습니다.

"언니, 어디 가는 거야?"

"으응, 어린애는 몰라도 돼."

둘째 언니 조가 딱 잘라서 말했어요. 그러자 에이미는 점점 더 궁금해졌습니다.

"나도 데려가 줘. 베스 언니는 피아노 치느라 정신없고, 나 혼자 심심하단 말이야."

"그렇지만 넌 초대장이 없어서 곤란해."

메기가 부드럽게 달랬습니다. 하지만 그럴수록 에이미는 따라가고 싶어 안달이 날 지경이었어요. 에이미는 메기 언니의 주머니에 살짝 나와 있는 표 같은 것을 보았습니다.

"아, 연극 보러 가는구나! 나도 보고 싶어. 같이 가면 안 돼?"

"안 된다고 했지. 우리 두 사람만 초대받았는데 네가 불쑥 나타나면 어떻게 되겠니?"

조 언니는 소리를 버럭 질렀습니다. 그제야 에이미는 겨우 잠잠해져 떼를 쓰지 않았습니다. 에이미는 두 사람이 문을 나설 때까지 옆에서 뽀로통하게 있더니, 창밖으로 몸을 쑥 내밀고 협박조로 외쳤습니다.

"두고 봐! 날 안 데리고 가서 후회할 테니."

메기와 조는 이웃집 소년 로리와 즐거운 한때를 보냈습니다. 메기와 조는 넋을 놓고 구경하다가 집에 두고 온 에이미가 생각났어요. 연극 구경이 끝나고 메기와 조는 로리에게 고맙다는 인사를 하고 집으로 돌아왔어요. 에이미는 거실에 있으면서도 언니들이 들어와도 쳐다보지도 않았어요.

다음날, 얼굴이 하얗게 질려 뛰어온 조는 숨을 헐떡이며 다그치듯 물었어요.

"누가 내 원고 가져갔어?"

"몰라."

메기와 베스는 놀란 목소리로 동시에 대답했어요. 에이미는 난로의 불씨만 뒤적일 뿐 아무 말이 없었습니다.

"에이미, 너지? 원고에 손댄 게!"

조는 어제 외출할 때 에이미가 '두고 봐!'라고 했던 말이 떠올랐어요.

"빨리 원고 내놔!"

"원고를 내놓으라고? 그런 시시한 글 따위는 이제 두 번 다시는 볼 수 없을 거야."

"뭐라고? 어째서 못 본다는 거야?"

"내가 태워버렸으니까……."

"뭐, 뭐라고? 내가 그렇게 고생하며 쓴 걸 태웠다고?"

조는 손을 부들부들 떨며 자지러지듯 외쳤어요.

"아아! 그건 다시는 새로 쓸 수 없는 거야. 아빠가 돌아오실 때까지 써놓을 예정이었던 원고를……. 아아, 어떡해. 절대로 널 용서할 수 없어!"

조는 에이미의 뺨을 후려치고 다락방으로 뛰어 올라가 울다 화내다 했어요. 조의 원고는 그녀의 자랑거리였을 뿐 아니라 집안 모두가 그 우수함을 인정하고 있었던 것이었어요. 여섯 편의 짧은 동화였는데 언젠가는 훌륭한 책으로 나오기를 바라며 최선을 다해 써나가고 있었어요. 그것이 이제 물거품이 되고 만 것입니다.

집에 돌아와 모든 사연을 들은 엄마는 아주 심각한 얼굴을 했어요. 그제야 에이미는 자신이 얼마나 나쁜 짓을 했는지 깨달았어요. 저녁 식사를 하러 나타난 조는 말도 붙이기 어려울 정도로 표정이 굳어 있었어요.

"언니, 내가 정말 잘못했어. 용서해줘."

"용서할 수 없어. 절대로!"

조의 대답은 차가운 서릿발 같았어요. 엄마도 조가 이런 기분일 때는 무슨 말을 해도 소용이 없다는 것을 알기에 잠자코 있는 수밖에 없었어요. 그날 밤은 온 가족이 침울했습니다. 조가 침실로 들어가려 하자 엄마가 조를 불러 부드럽게 속삭였어요.

"조, 너도 알고 있겠지? 해가 질 때까지 그날의 노여움을 품지 말라는 성경 말씀 말이야. 서로 용서하고 내일부터는 새롭게 다시 시작하는 거야, 알겠지?"

"그렇지만 에이민 너무 했어요. 절대로 용서 못 해요."

* * *

다음날, 조는 이웃집 로리와 스케이트를 타러 나갔어요. 함께 스케이트라도 타면 기분이 좀 나아질 것 같아서였지요. 에이미도 따라가고 싶었지만 차마 말이 나오지 않았어요. 에이미는 조가 나간 뒤 집을 나섰어요.

에이미가 강가에 다다랐을 때 조와 로리는 벌써 스케이트를 타고 있었어요. 조는 에이미가 보이자 홱 돌아서 저쪽으로 가버렸어요. 에이미는 얼음이 얇게 언 강 한가운데로 미끄러져 갔어요. 그때 갑자기 '쩍'하고 얼음이 깨지며 물이 솟아올랐어요.

"아앗!"

에이미는 놀라 두 손을 치켜올리고 마구 비명을 질렀어요. 비명소리에 놀라 뒤를 돌아본 조는 동생의 조그만 몸뚱이가 얼음 구멍 속으로 빠져들어 가는 것을 보았어요. 심장이 멎는 것 같았어요. 그때 로리가 뛰어와 소리쳤어요.

"울타리 나무 좀……. 빨리!"

두 사람은 힘을 합쳐 강물 속에서 허우적거리는 에이미를 겨우 끌어올렸어요. 에이미는 새파랗게 질려 오들오들 떨었어요. 조와 로리는 웃옷을 벗어서 걸쳐주고 에이미를 집에 데리고 왔습니다. 온 식구들이 나서서 젖은 옷을 벗기고 따뜻한 담요로 에이미를 감싸준 뒤, 상처 난 손에 약을 바르고 붕대를 감았어요. 놀라 핼쑥해진 에이미는 겨우 잠이 들었어요.

"괜찮을까요, 엄마?"

조가 조그맣게 묻자 엄마는 조용히 말했어요.

"괜찮다. 이 정도는. 집에 빨리 데려왔으니까."

"내가 너무 심하게 화를 내서 에이미가 그런 일을 당한 거예요. 엄마랑 언니가 한 번 화낸 걸로 됐다고 했는데도 말이죠."

"엄마도 옛날에는 너와 똑같았단다."

'엄마가 설마'하는 눈으로 쳐다보는 조를 보며 엄마는 나긋하게 말을 이어 갔습니다.

"그걸 고치는 데 40년이나 걸렸지. 세월이 지나서야 성질을 겨우 누그러뜨리게 된 거란다."

"오늘 로리가 없었다면 어떤 일이 일어났을지 몰라요. 왜 이렇게 제 마음이 너그럽지 않은지 모르겠어요."

조는 기도하듯이 중얼거렸어요. 그 말이 들리기라도 한 듯 자고 있던 에이미가 눈을 살며시 떠서 조에게 손을 내밀었어요. 조는 동생 위로 몸을 굽혀 베개 위의 젖은 머리를 쓰다듬었습니다. 서로의 마음은 다시 따뜻해졌습니다.

아가랑 소곤소곤

가족은 이 세상 누구보다 가까운 사이지만 가까이 지내다 보면 서로 미워할 때도 있지. 사랑과 미움이 공존한다고 할까? 손바닥과 손등처럼 함께하면서 갈등을 일으키기도 하고 그 속에서 가장 기초적인 관계를 배우며 인격을 다듬어가는 거란다. 조와 에이미처럼 말이야. 우리 아가도 그런 과정을 겪으며 성장할 텐데, 이런 글로 자신을 다스리는 지혜를 얻어보자.

노란 손수건

이야기를 들어보렴

오늘 아침 창밖으로 노란색 유치원 버스가 들어오는 모습을 보면서, 언젠가 우리 아기도 '안녕'하고 손 흔들며 유치원에 가는 모습을 상상하니 미소가 피어났단다. 문득 노란 손수건이 참나무에 수없이 매달린 광경으로 모두를 감동시킨 이야기가 떠올랐어. 'Tie a Yellow Ribbon Round the Ole Oak Tree'라는 팝송의 실제 이야기로 유명한 실화거든. 사랑과 포용의 메시지가 담긴 감동 실화를 들려줄게.

남쪽으로 향하는 버스는 사람들로 붐볐습니다. 승객들은 저마다 쉴 새 없이 웃고 떠들었습니다. 그러나 맨 앞자리에 허름한 옷차림으로 앉아 있는 한 남자만 입술을 굳게 다물고 앞쪽만 바라보고 있었습니다. 승객들은 심상치 않은 그를 보며 그가 어떤 사람인지 별의별 상상을 하기 시작했습니다.

'배를 타던 선장일까? 아니면 고향으로 돌아가는 군인일까? 어쩌면 아내와 싸우고 집을 나온 사람일지도 몰라.'

그러다 궁금해 못 견디겠다는 듯, 플로리다 해변으로 가는 젊은이 일행 중 한 아가씨가 그의 옆자리에 가서 말을 걸었습니다.

"우리는 플로리다로 가요. 플로리다는 처음이죠. 아저씨는 어디로 가세요?"

아가씨가 밝은 표정으로 묻자 남자는 말 없이 쓸쓸한 미소만 지었습니다. 남자의 얼굴에 야릇한 우수의 그림자 같은 것이 어렸습니다. 잃어버린 옛 추억이라도 떠오른 듯이.

"결혼은 하셨나요?"

아가씨는 그 남자가 안됐다는 듯이 물었습니다.

그는 대답 대신 간직하고 있던 사진을 보여주었습니다. 구겨지고 낡아빠진 사진 속에는 부인과 세 자녀가 나란히 앉아 있었습니다. 부인은 순하고 착해 보이는 인상이었습니다. 아이들은 아직 어려 보였습니다.

그는 자신에 대한 이야기를 느릿느릿 꺼내놓기 시작했습니다. 그 남자의 이름은 빙고였고, 지난 4년 동안 뉴욕의 형무소에서 보내다가 이제 석방되어 집으로 돌아가는 길이라고 했습니다.

"형무소에 있는 동안 아내에게 편지를 보냈지요."

그는 쓸쓸한 얼굴로 말했습니다.

"오랫동안 나를 기다릴 수 없다면 나를 잊어 달라고. 충분히 이해할 수 있으니 재혼해도 좋다고……. 그 뒤로 아내의 편지는 오지 않았습니다. 3년 반 동안이나."

"그런데 지금 집으로 돌아가는 길이란 말이죠? 어떻게 될지, 무슨 일이 일어났는지 모른 채."

그는 가만히 고개를 끄덕이더니 조금 얼굴을 붉히며 말했습니다.

"사실은 지난주에 가석방 결정이 난 뒤에 다시 편지를 썼어요. 옛날에 우리는 브

런즈윅이라는 곳에 살았는데, 미을 어귀에 커다란 참나무가 한 그루 있었지요. 만일 나를 용서하고 다시 받아들일 생각이라면 그 참나무에 노란 손수건을 매어 두라고 요. 노란 손수건이 참나무에 걸려 있으면 버스에서 내려 집으로 갈 것이고, 보이지 않으면 재혼을 했거나 받아들일 생각이 없는 것으로 알고 버스에서 내리지 않은 채 그 길로 떠나갈 생각입니다."

그런 사연이 있었구나……. 뒷자리의 다른 승객들도 커다란 관심을 갖고 이야기를 들었습니다. 그러고는 잠시 후에 벌어질 광경을 각자 상상해보며 조금씩 초조해지기 시작했습니다.

버스는 쉬지 않고 달려 마침내 '브런즈윅 가 20마일'이라는 이정표가 나타났습니다. 그러자 승객들은 모두 오른쪽 창 옆으로 다가가 그 남자가 말한 커다란 참나무가 나타나기를 조마조마한 마음으로 기다렸습니다.

남자는 미동도 없이 그대로 앉아 있었습니다. 마을과의 거리는 20마일에서 15마일, 10마일로 점점 가까워졌습니다. 물을 끼얹은 듯 버스 안의 정적은 계속되었습니다.

그때였어요. 별안간 요란한 함성이 터져 나왔습니다. 사람들은 모두 자리를 박차고 일어나 소리쳤습니다. 그때까지도 침묵만 지키고 있는 사람은 오로지 한 사람, 빙고뿐이었습니다. 그는 멍하니 넋 나간 사람처럼 차창 밖 멀리 보이는 참나무에 시선을 고정시켰습니다.

참나무는 온통 노란 손수건 물결로 뒤덮여 있었습니다. 20개, 30개, 아니 수백 개가 바람에 깃발처럼 물결치고 있었습니다. 사람들이 박수치며 외치는 동안, 그 허름한 남자 빙고는 눈시울을 붉히며 일어났습니다. 그러고는 버스 앞문 쪽을 향해 천천히 걸어 나갔습니다.

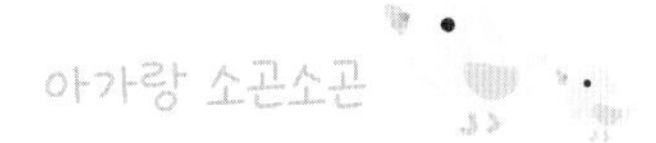

상상해봐! 커다란 참나무에 노란 손수건이 물결치는 모습을. 영화의 한 장면처럼 아름답지만 그 속에 눈물이 배어 있기에 낯선 승객들조차 일제히 감동의 박수를 쳐주지 않았겠니?

아가야, 어떤 시련이 와도 사랑하고 사랑받는 가족이 있으면 꿋꿋이 세상을 살아갈 수 있단다. 엄마도 노란 손수건의 주인공 빙고를 기다리는 아내처럼 곧 세상에 나오게 될 너를 열렬히 환영하고 사랑한다.

프로방스의 별빛 아래

이야기를 들어보렴

며칠 전, 엄마 아빠는 유난히 빛나는 별을 보며 '우리 아기별'이라고 불러봤단다. 남프랑스의 프로방스 지방은 별이 아름답기로 유명하지. 그곳을 배경으로 알퐁스 도데는 순수한 사랑 이야기를 작품에 담았고, 고흐는 '아를의 별이 빛나는 밤'이라는 명화를 남겼어. 프로방스 별빛 아래서 펼쳐지는 이야기 속으로 들어가 볼까.

뤼브롱 산에서 나는 한가하게 양을 지키고 있었습니다.

벌써 여러 주일을 아무도 만나지 못한 채 양들의 방목지에서 지냈어요. 그런데 오늘 꿈만 같은 일이 벌어졌습니다. 바로 우리 주인집 아가씨 스테파네트와 함께 있게 된 것이에요. 얼마나 예쁜지 아무리 바라봐도 내 눈은 피곤한 줄 모릅니다.

그런 아가씨가 나의 두 주일 치 식량을 가져올 사람이 아무도 없자 직접 노새를 타고 가져오지 않았겠어요? 게다가 마을로 돌아갈 때, 소나기로 갑자기 불어난 냇물에 빠져서 다시 나의 양치기 산장으로 돌아왔답니다. 나는 급히 모닥불을 피워 옷을 말려주고 우유와 치즈를 내놨습니다. 가엾은 우리 주인 아가씨는 음식을 먹을 생각도 하지 않고 커다란 눈물방울을 떨어뜨렸습니다. 나는 그녀를 안심시켰습니다.

"아가씨, 칠월의 밤은 짧아요. 그렇게 견디기 힘들진 않을 거예요."

산 위에서 밤을 지내야 한다는 생각이 그녀를 당혹스럽게 했지만 나에게는 정말 행복한 시간이었습니다. 새로 꺼낸 모피를 펴주고 아가씨에게 편히 쉬라고 인사를 했습니다. 나는 문밖에 앉아, 사랑의 불길이 내 가슴속 피를 들끓게 하였음에도 나쁜 생각을 품지 않았음을 하느님이 아실 것입니다.

그런데 아름다운 우리 아가씨가 잠이 오지 않는지 내 곁에 이렇게 살포시 다가와 있지 않겠어요. 우리는 아무 말 없이 서로 다가앉았습니다. 하지만 지금 제 가슴은 마구 떨립니다. 꿈인지 생시인지 제가 어찌 넋을 잃지 않을 수 있을까요?

일찍이 하늘이 이렇게 높아 보이고 별들이 이렇게 찬란해 보이는 일은 없었습니다. 그 순간 한 아름다운 별똥별이 우리들의 머리 위를 미끄러지듯 지나갔습니다.

"저건 뭐지?"

스테파네트 아가씨가 나지막하게 물었습니다.

"천국으로 들어가는 영혼입니다, 아가씨."

그렇게 대답하며 십자가를 그었더니 아가씨도 십자가를 그었습니다. 그러고는 한 손으로 턱을 괴고 하늘을 올려다보고 있었어요.

"참 많기도 해라! 어쩜 저렇게 아름다울까. 별을 이렇게 많이 본 건 처음인데……. 당신은 저 별 이름을 알고 있나요?"

"물론이죠, 아가씨. 자 보세요. 바로 우리 머리 위에 있는 것이 '성 자크의 길(은하)'이죠. 그보다 좀 더 멀리 '영혼들의 수레(큰곰자리)'가 네 개의 빛나는 바퀴 축과 함께 있습니다. 그 둘레에 죽 비처럼 떨어지고 있는 별들이 보이시나요? 저것들이 하느님께서 자기 집에 넣어주시려 하지 않은 영혼들입니다. 조금 더 아래 있는 것이 '세 사람의 왕(오리온)'이라고 하는 별입니다. 우리 양치기들에게 시계 역할을 하고 있어요. 저 별을 보면 지금 자정이 지났다는 것을 알 수 있습니다. 조금 더 아래, 항상 남쪽으로 반짝이는 것이 '시리우스(장 드 밀랑)'죠. 하늘의 횃불이라고 해요.

하지만 모든 별 중에 가장 아름다운 것은…… 그것은 우리들의 별인 '목동의 별'이랍니다. 그 별은 우리가 새벽에 양떼를 내보낼 때, 그리고 저녁에 불러들일 때 우리들을 다정스레 비춰줍니다. 우리들은 그 별을 또한 '마그론느'라고도 부릅니다.

그 별은 '프로방스의 피에르(토성)' 뒤를 달려가, 7년마다 그 별과 결혼을 하는 아름다운 별이랍니다."

"뭐라고요! 별들의 결혼이라는 것도 있어요?"

"있고말고요, 아가씨."

내가 그 결혼이라는 것을 설명하려 할 때, 싱그럽고 보드라운 무엇인가가 내 어깨 위로 가볍게 닿는 것을 느꼈어요. 그것은 달콤한 졸음에 빠진 아가씨의 향기로운 얼굴이었어요. 아가씨의 굽이치는 머리카락이 리본과 레이스로 아름답게 헝클어진 채 내 어깨에 와 닿은 것이었습니다. 나는 그녀의 잠든 모습을 바라보며 하룻밤 동안 그녀를 정성스럽게 지켜주었다는 기쁨에 충만하였습니다. 그리고 다른 아무런 생각도 하지 않았어요.

우리 주위에서는 별들이 양떼처럼 온순하게 자기 갈 길을 계속 가고 있었습니다. 나는 간혹 저 별들 중에서 가장 곱고 귀중하며 반짝이는 별 하나가 길을 잃고 내게로 와서 내 어깨에 몸을 기대고 자고 있는 것이라고 생각했답니다.

아가랑 소곤소곤

엄마 학교 다닐 때 국어 교과서에 나왔던 <별>이란 단편소설이야. 우리 아기와 함께 읽으니 새로운 느낌이네. 그땐 몰랐는데 참 아름답고 따뜻한 이야기라는 생각이 드는구나. 좋은 엄마가 되고 싶어 우리 아기에게 이런 명작을 들려주고 있으니 나 자신이 봐도 대견해. 우리 아가가 세상에 태어나 무럭무럭 자라서 엄마 아빠 손 잡고 아름다운 별들을 관측하러 가보자꾸나. 그날이 벌써부터 기대되네.

아내를 위한 파티

이야기를 들어보렴

요즘 아빠는 우리 아가의 태동을 들으며 정말 신기해하거든. 그래서일까, 아빠와 엄마는 우리 아가 이야기로 더욱 사랑이 깊어가는 것 같구나. 그런데 아가별이 아직 오지 않는 가정은 얼마나 안타깝겠니? 특히 이스라엘은 주변 아랍국가에 비해 인구가 적어서 그런지, 결혼은 곧 자녀를 낳는 것이라고 여기나 봐. 오늘 따라 우리 아가가 더욱 소중해지는 이야기가 있단다.

결혼한 지 10년이 된 부부가 있었습니다.

이들은 더할 나위 없이 행복했고 서로를 사랑했어요.

그러나 이 행복한 부부에게도 남모를 고민이 하나 있었습니다. 여지껏 두 사람 사이에 아이가 없었던 것이었어요.

옛날 이스라엘에서는 자녀가 결혼의 가장 중요한 선물이라고 여겼기에 일가친척들은 이 부부에게 종종 자녀 소식을 묻곤 했습니다.

"여전히 소식이 없구나. 10년이나 지났는데……."

“너희도 이제 더 늙기 전에 아이가 주는 기쁨을 느껴 봐야지.”

친척들은 조심스럽게 걱정했습니다. 하지만 두 사람은 서로가 굳게 사랑했기에 절대로 다른 방법을 상상도 하려고 하지 않았어요. 가족들은 이들 부부보다 더 초조해하며 남편을 다그쳤어요. 이런 모습을 보다 못한 아내는 남편을 위해 다른 여인을 취할 것을 먼저 요구했어요.

더 이상 참을 수 없게 된 남편은 평소 존경해왔던 옛 스승을 찾아갔습니다. 아내와 행복하게 살 수 있는 방법이 없을까 자문을 구하기 위해서였지요.

“어떻게 하면 아내와 가족을 만족시킬 수 있을까요? 만약 헤어진다 하더라도 아내의 자존감을 세워주고 싶습니다. 아내에게 절대 상처를 주고 싶지 않습니다.”

그런 말을 하면서 남편은 자신의 부족함에 눈시울을 붉혔어요.

“아내를 위해 큰 연회를 벌이게. 그 자리에서 지난 10년간 자네와 함께 살아온 아내가 얼마나 훌륭한 사람이었는지 여러 사람들에게 알려주게나.”

“파티를 열라고요?”

“그렇지. 아주 멋진 파티를 말일세. 그리고 파티가 끝날 무렵 이렇게 말하게. ‘내가 가지고 있는 것 중에서 당신이 갖고 싶은 것이 있다면 그것이 무엇이든지 당신에게 선물로 주겠소’라고 말이야.”

“네, 스승님. 그것이 무엇이든 간에 선물로 주겠습니다. 소중하게 평생토록 간직할 수 있는 걸로요.”

그렇게 말하는 남편의 마음은 천근만근 무너져 내렸습니다. 스승은 남편의 어깨를 따뜻하게 도닥거려 주었습니다.

* * *

드디어 파티가 열렸습니다. 남편은 아내가 얼마나 아름답고 사랑스럽고 훌륭한 여인인지 파티장에 모여든 모든 사람에게 자랑스럽게 고백했습니다.

모임이 끝날 무렵, 남편은 스승님이 일러준 대로 아내에게 갖고 싶은 것이 무엇이냐고 물었어요. 그러자 아내는 떨리는 목소리로 남편에게 다가가 말했습니다.

"저는 당신을 선물로 갖고 싶어요. 평생토록 영원히요."

아내의 말에 남편도 눈물을 글썽였어요. 두 사람은 서로를 안고 절대로 헤어지지 말자고 약속했어요.

두 사람의 사랑은 예전보다 더욱더 깊어졌습니다. 그들의 애틋한 사랑이 하늘에 전해졌을까요. 얼마 지나지 않아 그들 사이에 예쁜 쌍둥이 아기가 태어났어요. 가족들도 크게 기뻐하며 그 부부의 사랑에 아낌없는 박수갈채를 보냈습니다.

아가랑 소곤소곤

아가야, 지금 웃고 있니? 아빠의 즐거운 유머로 엄마는 웃음을 멈추기 힘들었어. 그만큼 엄마 아빠가 서로 아름답게 사랑하고 있단다. 이런 행복감이 우리 아가에게도 전달되어 너도 예쁜 미소를 짓고 있을 것 같아. 얼른 세상에 태어나 엄마 아빠와 매일 하하호호 웃으며 행복하게 살자. 사랑해 아가야!

온 가족 태교로 사랑과 지혜를 배워요

사임당 가의 가족 태교

조선의 대표적 지식인이자 천재를 낳은 신사임당의 태교는 어땠을까요?

신사임당의 태교에 친정어머니 이씨 부인을 빼고는 말할 수 없을 것입니다. 사임당은 어머니 이씨가 태어나 자란 오죽헌에서 자신도 태어나 자랐으며 다섯째 아들 율곡도 오죽헌에서 낳았습니다.

사임당은 율곡을 낳기 전 신기한 꿈을 꿉니다. 남편을 기다리며 바느질하다가 깜박 잠이 드는데, 경포 앞바다 저편이 환하게 빛나더니 홀연히 아름다운 선녀가 나타납니다. 선녀는 살결이 백옥 같은 아기를 안고 있었어요. '어쩌면 저리도 귀여운 아기가 있을까'하고 감탄하고 있는데, 갑자기 선녀가 사임당에게 그 옥동자를 내밀었다고 합니다.

사임당은 이미 아이들이 넷이나 있어서 태교에만 전념하기가 힘들어 친정의 도움을 구합니다. 이씨 부인은 열녀정각을 받은 분으로 그 교양과 보살핌이라면 안심할 수 있을 것 같아 사임당은 한양에서 150리 길을 걸어 오죽헌을 찾아갑니다. 이씨 부인은 딸 사임당이 임신을 한 동안에는 가까운 친척의 초상이라도 문상을 가지 않았다고 합니다. 이웃과 더 나누며 태어날 아기의 옷을 할머니가 손수 지어 준비했습니다. 또한, 매일 정화수를 떠놓고 정성껏 빌었다고 합니다.

사임당은 12월 26일 새벽, 검은 용이 오색찬란한 구름에 휩싸여서 오죽헌의 별당으로 내려앉는 꿈을 꾸고 곧바로 진통을 느껴 율곡을 순산합니다. 사임당은 아이들을 서당에 보내지 않고 직접 가르친 것으로도 유명합니다. 율곡은 13세에 과거 시험에 최연소로 합격하기도 했습니다. 사임당이 자녀교육에 정신을 쏟을 수 있었던 것은 친정어머니의 든든한 뒷받침이 컸다고 봅니다.

우리 조상들은 고구려 때부터 조선 16세기까지 남자가 여자 집으로 장가들어 가서 처가에서 몇 년씩이나 살았습니다. 여성에게는 친정 가족들의 협조로 자녀를 편히 교육하고 자녀에게는 외조부모들의 넉넉한 사랑과 지혜를 배우는 장점이 있는 풍습이었습니다. 율곡뿐 아니라 유성룡, 이순신 등도 외가 혹은 처가에서 오랜 시간 머물렀다고 합니다.

율곡은 어머니 사임당이 세상을 떠나자 잠시 방황했지만, 곧 강릉 외할머니 댁에서 마음을 잡고 학문에 다시 정진해서 9번이나 장원급제를 했습니다. 그래서 '구도장원공'이라는 별칭과 함께 '천재 유학자'라 불리게 되었습니다. 어린 시절 외조모의 영향을 받은 율곡은 그의 책 〈격몽요결〉이나 〈성학집요〉 등에서 가족의 태교를 강조합니다.

마리퀴리 가의 가족 태교

노벨상 5관왕에 빛나는 퀴리 가문 뒤에는 '외젠 퀴리'라는 훌륭한 어른이 있었습니다. 외젠 퀴리는 남편 피에르 퀴리의 아버지이니 마리 퀴리에게는 시아버지요, 딸 이렌 퀴리에게는 할아버지입니다.

외젠 퀴리는 젊은 시절 의사로서 피에르 퀴리가 지적 발달이 늦은 것을 알고 학교에서 따돌림 받을까 봐 집에서 직접 가르쳤다고 합니다. 피에르 퀴리는 성장해서 소르본대학 교수가 되고 마리 퀴리와 공동 노벨상을 수상합니다.

마리가 실험연구로 바빠 딸 이렌을 돌볼 수가 없자, 외젠 퀴리가 손녀 돌보기를 자청했습니다.

훗날 엄마처럼 노벨 화학상을 탄 이렌 퀴리는 어린 시절을 회고할 때마다 할아버지가 자신에게 옛날이야기와 물고기 해부 등을 재미있게 가르쳐준 것을 자랑스럽게 말했습니다. 외젠 퀴리는 손녀들에게 사랑이 넘치는 탁월한 교사였던 것입니다.

노벨상 패밀리의 마리 퀴리나 구도장원공을 낸 신사임당 집안의 공통점은 무엇일까요?

그것은 바로 조부모들이었습니다. 위인들 중에는 오바마 대통령처럼 조부모 아래서 성장한 사람이 의외로 많다고 합니다. 조부모들은 세월의 지혜와 넉넉한 사랑으로 손주들을 가르침으로써 자손들이 온전한 인격체로 성장하게 이끌 수 있습니다.

자녀교육의 뿌리가 되는 태교부터 임산부 혼자만이 아니라 온 가족이 함께 관심을 기울여야 합니다. 이 같은 가족 태교를 통해 양육 세대 차를 줄일 수 있으며, 성공하는 집안의 역사가 시작됩니다.

이 세상에는 여러 가지 즐거움이 있지만
가장 빛나는 즐거움은 가정의 웃음이고
그다음이 어린이를 보는 부모의 즐거움이다
이 두 가지 즐거움은
사람의 가장 성스러운 즐거움이다

– 페스탈로치 –

마음에 새겨두고 싶은

또박또박, 명언 쓰기

제4장
넉넉하고 베푸는 사람으로 자라렴

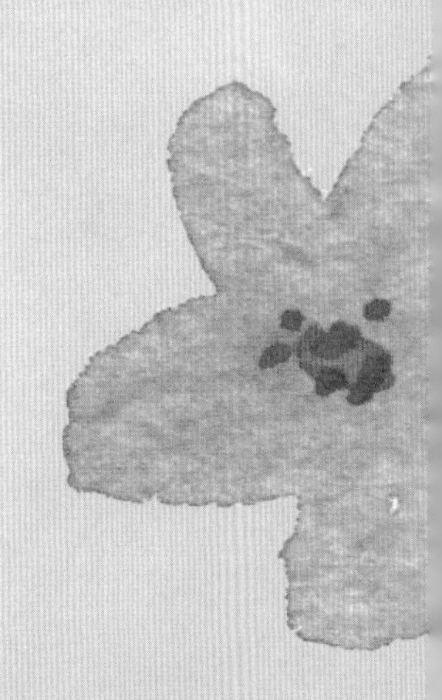

나의 꽃

한상경

네가 나의 꽃인 것은
이 세상 다른 꽃보다
아름다워서가 아니다

네가 나의 꽃인 것은
이 세상 다른 꽃보다
향기로워서가 아니다

네가 나의 꽃인 것은
내 가슴속에 이미
피어 있기 때문이다

거인의 정원

이야기를 들어보렴

이 세상 꽃 중에 가장 아름다운 꽃은 뭘까? 바로 '아이들 꽃'이래. 아일랜드의 유명 소설가 오스카 와일드의 표현이지. 엄마도 우리 아가와 만나게 되면서 그 말에 백 퍼센트 공감하게 되는구나. 그의 작품 <거인의 정원>에 이 말이 어떻게 등장하는지 한번 읽어볼까?

마을 아이들은 학교에서 돌아오면 거인의 집 정원에서 놀곤 했습니다.

그곳에는 부드러운 풀이 양탄자처럼 깔려 있고, 키 큰 나무들이 사이좋게 서 있었어요. 봄이면 예쁜 꽃들의 향기로 그윽했고 새들도 나뭇가지에서 아름다운 노래를 불렀어요. 아이들은 입을 모아 말했습니다.

"와, 거인의 정원에서 노니까 정말 신난다!"

그러던 어느 날 정원의 주인인 거인이 돌아왔어요. 거인이 7년 만에 집에 와보니 자기 집 뜰이 온통 놀이터가 되어버려 몹시 화가 났습니다. 거인은 아이들에게 호통을 쳤습니다.

“여기서 뭣들 하는 거야? 누가 내 정원에서 함부로 놀지?”

아이들은 천둥 같은 거인의 고함에 놀라 모두 도망쳤어요. 거인은 정원에 높은 담을 쌓아 ‘출입금지’라는 간판을 붙였습니다. 아이들은 이제 정원에 들어가기는커녕 구경도 못 하게 되었어요. 방과 후에는 높은 담 주위를 서성거리며 아름다운 정원에 대하여 저마다 이야기하곤 했습니다.

얼마 뒤 시간이 흘러 겨울이 가고 봄이 되었습니다.

마을 곳곳에 꽃이 피어났지만 거인의 정원에는 아직 봄이 오지 않았어요. 새들은 노래하지 않았고 나무들도 꽃 피우는 것을 잊어버린 듯 겨울나무 그대로였어요. 작은 꽃 한 송이가 잔디 위로 머리를 내밀었지만, ‘출입금지’라는 표지판 때문에 꽃은 다시 땅속으로 들어가 계속 잠을 잤습니다. 신이 난 것은 차가운 겨울바람과 눈과 서리 같은 겨울의 친구들이었어요.

“야호, 봄은 이 정원을 잊어버린 거야. 이제부터 1년 내내 정원은 우리들 차지다!”

눈은 거대한 외투처럼 새하얗게 정원을 덮었고 친구인 사나운 북풍을 불렀습니다. 우박도 매일 거인의 정원에 놀러와 거인의 집 지붕 위를 요란하게 두드렸어요. 얼마 안 가 기와들은 대부분 부서지고 말았습니다.

다음해에도 거인의 집에서는 여전히 봄이 오지 않았습니다. 오지 않는 것은 봄뿐만 아니라 여름도 가을도 오지 않았어요. 다른 곳의 나무는 황금빛 열매를 맺었지만 거인의 정원에는 단 하나의 열매도 맺히지 않았어요. 나무 주변에는 여전히 서리와 눈이 뒤덮인 겨울만 있었습니다. 거인은 영문을 알 수 없는 춥고 쓸쓸한 정원의 모습에 갈수록 외로움을 느꼈습니다.

"왜 이렇게 봄이 오지 않는 거야?"

* * *

그러던 어느 날 아침, 거인은 창문 너머로 들려오는 사랑스러운 음악 소리를 들었어요.

'임금님의 행차가 지나가는 것일까?'

그것은 궁정음악대 소리가 아니라 창틀 앞에서 노래하는 작은 방울새의 소리가 아니겠어요! 오랜만에 듣는 새소리는 세상에서 가장 아름다운 음악처럼 들렸어요. 그러자 정원을 에워싸고 있던 북풍과 우박, 서리가 사라졌습니다. 어느새 꽃향기가 창문을 타고 집안으로 들어왔어요.

"그래, 이제야 봄이 온 게로군."

거인은 집안에서 뛰쳐나와 정원을 바라보다가 눈이 휘둥그레졌어요.

마을 아이들이 정원의 나뭇가지에 앉아 있었습니다. 아이들은 정원 담 구멍을 통해 들어온 것입니다. 나뭇잎들은 친한 친구를 만난 듯 가지를 부드럽게 떨구었어요. 새들은 황홀한 표정으로 정원 위를 휘저으며 날고 있었어요. 어느새 흙을 뚫고 꽃들이 하나둘 얼굴을 내밀었어요. 은은하고 향긋한 냄새가 거인의 코를 간질이자 그는 조용히 문을 열고 정원으로 나갔습니다.

그런데 뜰의 한쪽 구석은 달랐습니다. 나무 한 그루에는 여전히 눈이 덮여 있었어요. 나무 앞에는 키가 작은 아이가 있었어요. 그 아이는 키가 작아서 나무에 올라갈 수 없어 울먹이며 나무 주위를 맴돌고 있었습니다. 거인은 그 사랑스런 모습에 마음이 녹아내렸어요.

'내가 너무 이기적이었어! 왜 봄이 우리 정원에 오지 않았는지 이제야 알겠군.'

거인은 자신이 했던 일을 후회했습니다.

'저 아이를 나무에 올려줘야지. 담도 허물어서 영원히 아이들의 놀이터로 만들어 줄 거야!'

거인이 정원에 나타나자 아이들은 얼른 도망쳐 버렸어요. 다시 뜰에는 새 소리가 사라졌어요. 나무 앞에서 울던 키 작은 아이는 우느라고 거인이 나오는 것을 보지 못해 도망갈 생각도 하지 않았어요. 거인은 살금살금 아이의 뒤로 다가가 아이를 번쩍 들어 나뭇가지에 올려주었어요. 그러자 나무에 꽃이 다시 피기 시작했고 새들이 돌아와 노래를 불렀어요. 작은 아이는 팔을 뻗어 거인의 볼에 뽀뽀를 했습니다. 거인의 마음이 따뜻해지면서 아이들에게 말했어요.

"얘들아, 이제부터 이 정원은 너희들 것이니 마음껏 놀아도 된단다."

거인은 정원의 문을 활짝 열고 담장도 무너뜨려 버렸습니다. 마침내 거인의 정원에는 진정한 봄이 찾아오면서, 거인과 아이들은 날마다 정원에서 즐거운 시간을 보냈어요. 그런데 이상하게도 거인의 볼에 입맞춤해준 작은 아이는 보이지 않았어요.

"나무 위에 올려준 그 작은 아이는 어디 있지?"

"잘 모르겠어요. 우리도 그때 처음 봤는데요."

오후만 되면 아이들은 거인의 정원에서 함께 놀았지만 그 사랑스러운 작은 아이는 결코 오지 않았어요. 거인은 안타까워 가끔 혼잣말로 중얼거리곤 했어요.

'그 애를 다시 보면 얼마나 좋을까!'

세월이 흘러 거인도 점점 늙어갔습니다. 예전처럼 아이들과 신나게 정원에서 뛰어놀 수 없었어요. 그저 안락의자에 앉아 아이들이 노는 모습을 바라보며 미소 지을 뿐이었어요. 그런 아이들을 보며 거인은 감탄하듯 말하곤 했어요.

"나의 정원에는 예쁜 꽃이 많아. 하지만 꽃 중에서 가장 아름다운 꽃이야말로 아이들이지!"

어느 겨울 아침, 거인은 느긋하게 창밖을 보고 있었습니다. 갑자기 거인은 놀라 자신의 눈을 비비며 다시 보고 또 봤어요. 믿을 수 없을 정도로 아름다운 풍경이 펼쳐진 것이죠. 정원 저편에 하얀 꽃이 만발한 황금빛으로 반짝이는 나무가 보였어요.

그 가지에는 금색, 은색 열매가 주렁주렁 달려 있었고, 그 밑에는 그렇게도 보고 싶었던 작은 아이가 서 있는 것이 아니겠어요.

거인은 너무나 기뻐서 급히 잔디밭을 가로질러 아이에게 달려갔어요. 가까이 다가선 순간, 거인은 깜짝 놀랐어요. 아이의 손과 발에 못 자국이 있었기 때문이었지요.

"도대체 누가 네게 이런 짓을 한 거니? 내가 그 녀석을 혼내주고 말 거야."

"아니다. 이건 사랑의 상처란다."

순간, 신비한 경외심이 그를 엄습하여 작은 아이 앞에서 꼼짝도 하지 못했어요.

"누, 누구시오?"

아이는 어른처럼 인자한 미소를 지으며 말했습니다.

"오래전 너는 정원에서 날 뛰어놀게 했지. 오늘은 내가 너를 나의 정원, 하늘의 낙원으로 데려가야겠구나."

거인은 작은 아이의 손을 잡고 훨훨 하늘나라의 정원으로 올라갔습니다.

다음날, 아이들이 왔을 때 하얀 꽃이 피어난 나무 아래에 편안히 누워 있는 거인을 보았습니다.

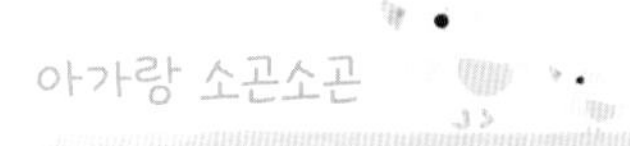

아가야, 엄마도 그런 멋진 정원이 있는 집에 산다면 함부로 아이들이 드나들어 망쳐 놓는 게 싫어질 것 같아. 하지만 이 이야기에서와 같이 다른 사람과 함께 누리면 그 기쁨은 더욱 커진다는 것을 또 깨닫게 되네. 우리 아가도 좋은 것을 남과 나누는 넉넉한 마음의 소유자가 되면 삶이 더 멋지고 풍성해질 거야.

사람은 무엇으로 사는가

이야기를 들어보렴

과연 사람은 무엇으로 살아가는지. 흔히 사람들은 돈이나 명예, 권력이 있어야 잘 살 수 있다고 생각하는데, 19세기 러시아 문학을 대표하는 세계적 대문호 톨스토이는 어떤 답을 보여줄까? 천사 미하일의 숙제가 풀리는 과정을 통해 사람은 어떻게 살아야 하는지 생각해보게 되는 명작 중의 명작이란다.

미하일이 세몬의 집으로 온 지도 6년이 되었습니다. 미하일은 외출도 하지 않고 말 한마디도 하지 않은 채 묵묵히 구두 짓는 일만 했습니다. 다만, 싱긋 웃는 모습을 딱 두 번 보여줬을 뿐입니다. 세몬은 이런 미하일이 얼마나 믿음직스러웠던지, 어디서 왔는지 묻지도 않고 그가 자기 집을 떠날까 봐 그것만 걱정했습니다.

하루는 온 식구가 구둣방에 모여 있었습니다. 세몬은 창가에서 구두를 꿰매고, 미하일은 구두 뒤꿈치를 붙이고 있었습니다. 의자 사이를 뛰어다니던 아이들이 창가로 가더니 말했어요.

“어떤 아줌마와 여자애들이 우리 집으로 오고 있어요. 한 애가 절름발이인데?”

세몬이 창밖을 내다보니 단정한 옷차림을 한 부인이 모피 외투를 입고 긴 목도리를 두른 두 여자아이의 손을 잡고 오고 있었습니다. 아이들은 꼭 닮았지만 한 아이는 다리를 가볍게 절룩거렸습니다. 여인은 계단을 올라와 문을 열더니 두 아이를 먼저 들여보낸 다음 들어왔습니다.

“어서 오세요. 어떻게 오셨는지요?”

“저……. 아이들이 봄에 신을 가죽 구두를 맞출까 해서요.”

“네, 그렇게 작은 구두를 지어본 적은 없지만 미하일의 솜씨가 여간 좋지 않으니 할 수 있습니다.”

세몬이 웃으며 돌아보니 미하일은 우두커니 앉아 아이들에게서 눈길을 떼지 않고 있었습니다. 두 아이가 눈이 까맣고 뺨이 발그레하면서 통통해서 귀엽긴 했지만 그렇더라도 저렇게 뚫어지게 바라보고 있는 게 궁금했습니다. 마치 예전에 알고 있기라도 한 듯이. 부인은 절름발이 여자아이를 안아 올려 무릎에 앉혔습니다. 세몬이 치수를 재며 부인에게 물었습니다.

“이 귀여운 아이들은 어쩌다가 이렇게 됐습니까? 날 때부터 그런가요?”

“아니에요. 그 애 엄마가 그만…….”

그때 마트료나가 끼어들었습니다.

“그럼, 부인께선 이 아이들의 친엄마가 아니신가요?”

“네, 나는 친척도 아니고 남인데 그냥 맡아서 기르는 거예요.”

“그런데도 이렇게 귀여워하시는군요.”

부인은 아이들을 가볍게 머리를 쓰다듬으며 말했습니다.

"내가 낳지 않아도 키우면 정이 들지요. 두 아이 다 내 젖으로 키웠어요. 내가 낳은 아이도 있었지만 나중에 하느님께서 데려가셨어요."

부인은 잠시 눈시울을 붉히는가 했더니 다시 이야기를 이어갔습니다.

"벌써 6년 전 일이네요. 이 두 아이들은 태어나 일주일도 못 되어 고아가 돼 버렸어요. 이 아이들의 부모와는 이웃에 살았어요. 애들 아버지는 아이들이 태어나기 사흘 전에 죽고 엄마는 아기를 낳고 하루도 못 살았어요. 가난한 데다 일가친척도 없어 혼자서 해산을 하다가 그만……. 애들 엄마는 가엾게도 숨이 넘어가면서 한 아이 쪽으로 쓰러져서 아이의 한쪽 다리가 못 쓰게 되었답니다. 저는 그때 낳은 지 8주 되는 아들에게 젖을 먹이고 있었는데, 마을 사람들이 이 갓난아기들이 걱정돼서 제게 이 아이들을 한동안 맡아달라고 했었지요. 잠깐만 돌봐주면 곧 다른 방법을 찾아보겠다고요.

그래서 제가 돌보기로 하고 제 아들과 두 아이들을 번갈아 젖을 물리며 키웠습니다. 그때는 제가 젊고 건강했어요. 두 아이는 아주 건강하게 자랐지만 제가 낳은 아들은 2년째 되던 해에 그만 죽고 말았지요. 그 후 저희 집 살림이 점점 나아져 살기는 괜찮은데 좀처럼 아이가 생기지 않더군요. 만약 이 두 아이들이 없었다면 저는 얼마나 외롭게 살았을까요. 그러니 당연히 귀엽지요. 이 아이들은 촛불과도 같아요."

그 부인은 한 손으로 다리가 불편한 아이를 끌어안으며 다른 손으로는 뺨에 흐르는 눈물을 닦았습니다. 마트료나가 한숨을 내쉬며 말했습니다.

"아이는 부모 없이 자랄 수는 있지만, 하느님 없이는 살아가지 못한다고 하는데 정말 그런 것 같군요."

세 사람이 이야기를 계속하고 있는데 미하일이 앉아 있는 구석에서 갑자기 번개 같은 섬광이 비쳐서 온 방이 환하게 밝아졌습니다. 미하일은 두 손을 무릎 위에 놓고 단정히 앉아 위쪽을 쳐다보면서 빙긋 웃고 있었습니다.

부인이 두 여자아이를 데리고 나가자 미하일은 의자에서 일어나 일감을 테이블 위에 올려놓고 앞치마를 벗으며 주인 부부에게 허리 굽혀 인사하며 말했습니다.

"이제 작별해야 할 시간이 온 것 같습니다. 하느님께서 저를 용서해주셨으니 두 분께서도 저를 용서해주십시오."

미하일의 등 뒤로 눈부신 빛이 비치고 있었습니다. 세몬도 일어나 미하일에게 인사말을 했습니다.

"미하일, 자네는 보통 인간이 아니었군. 그동안 짐작은 했었지만 말일세. 그런데 궁금한 것이 하나 있네. 자네가 그동안 딱 세 번 빙긋이 웃었는데 이유를 들려줄 수 없겠나?"

그러자 비로소 미하일은 말을 시작했습니다.

"제 몸에서 빛이 난 것은 제가 이제껏 하느님께 벌을 받고 있었는데 오늘에야 용서받았기 때문입니다. 또 세 번 웃은 것은 하느님이 말씀하신 세 가지 진리를 알아냈기 때문입니다. 한 번은 마트료나 아주머니께서 저를 가련히 여겨서 보살펴줄 때 알았고, 두 번째는 부자 손님이 곧 죽을 줄 모르고 평생 신을 튼튼한 가죽구두를 주문할 때 알았습니다. 마지막으로는 그 여자애들을 보고 알았습니다."

"어째서 하느님이 자네에게 벌을 내리셨는가? 그리고 알아야 할 세 가지 말씀이란 대체 무엇인가?"

세몬이 진지하게 묻자 미하일이 정중하게 답했습니다.

"저는 원래 천사였는데 어느 날 하느님께서 한 여자의 영혼을 거두어오라고 명령하셨습니다. 쌍둥이 딸을 낳은 그 여자는 먹지 못하고 맥없이 쓰러져 있다가 저를 보자 울부짖었습니다. "아아, 천사님. 제게는 남편도 형제자매도 없고, 아이들의 할머니도 없어서 이 갓난아기들을 돌봐줄 사람이 아무도 없습니다. 제발 제 영혼을 거두어가지 마시고 이 아이들을 제 손으로 키우게 해주세요. 어린아이는 부모 없이는 살지 못합니다."라며 절규하는 그 어머니에게서 아이를 도저히 떼놓을 수가 없어서 하느님의 명령을 어겼습니다. 그러자 하느님은 다시 산모의 영혼을 거두어오게 하시고, 저를 땅에 내려보내 사람은 무엇으로 사는지를 알게 되면 하늘로 돌아올 수 있다고 하셨습니다. 저는 어머니가 없으면 아이들이 살지 못할 거라고 생각했는데, 오늘 다른 사람에 의해 두 아이가 잘 커가고 있음을 보고 하느님의 말씀을 비로소 깨달았습니다.

사람들은 자신을 위해 어떻게 살지 걱정하고 계획하고 노력하는 것으로 살아가는 것이 아니라 타인들의 도움과 사랑으로 살아간다는 것을 알았습니다. 제가 하늘에서 내려와 추위와 굶주림으로 고통받을 때 세몬이 옷을 내주었고, 마트료나가 불쌍히 여겨 빵을 내주었기 때문에 제가 살 수 있었습니다. 그렇듯 이웃 여인이 두 아이를 가엾게 여겨 자신의 젖을 물려주는 사랑이 있어 아이들은 살았습니다. 인간은 모두가 각자 자신의 일을 걱정함으로써 살아갈 수 있는 것이 아니라, 사람들 마음속에 사랑이 있기 때문에 살아가는 것입니다. 하느님은 사랑이시라 인간 안에 사랑을 심어두고 하느님을 보게 한 것입니다."

아가랑 소곤소곤

톨스토이는 사람이 '사랑의 힘'으로 살아간다고 하네. 세상에 아무도 없이 홀로 남겨졌더라도, 비록 하루 끼니마저 걱정해야 하는 가난한 처지더라도, 남을 돕는 사랑의 마음이 있어 우리가 살아가는 힘이 된다는 거지. 엄마도 너를 갖기 전에는 몰랐는데 요즘은 엄마 눈에 아기들만 보이고 하나같이 예쁘기만 하구나. 엄마 속에 사랑이 확 들어와서 너와 함께 자라나 봐.

보트의 구멍

이야기를 들어보렴

'오른손이 한 일을 왼손이 모르게 하라'는 말처럼 남모르게 선행을 베푸는 사람. 작은 친절이 누구에게는 목숨이 달린 것이라면 얼마나 훌륭하니? 드러내지 않으면서 스스로 남을 배려하고 도울 줄 아는 고상한 마음 씀씀이를 한 편의 글에서 배우게 되는구나.

작은 보트를 한 대 가진 사람이 있었어요.

그는 해마다 여름이면 보트에 가족을 태워 호수에 나가서 낚시를 즐겼어요.

여름이 끝나가자 그는 배를 잘 보관해두기 위해 땅 위로 끌어올렸어요.

"저런, 조그만 구멍이 생겼네."

그는 배의 밑바닥을 살피다가 한쪽에 아주 작은 구멍이 난 것을 발견했습니다.

'어차피 겨울엔 타지 않을 거니 내년 봄에나 수리하지 뭐.'

그는 배를 땅 위에 올려둔 채 집으로 돌아갔어요.

겨울이 왔습니다. 그는 호숫가를 거닐다 눈비에 색이 바랜 배를 보며 중얼거렸어요.

'페인트공을 불러야겠군.'

그는 페인트공을 불러 배를 새로 칠하도록 했어요.

* * *

이듬해 봄은 유난히 빨리 찾아왔어요. 햇볕이 따뜻해지자 두 아들은 배를 타고 싶다고 아빠를 졸랐어요.

"좋아. 하지만 조심해야 된다. 너희들 둘이서만 배를 타면 아무래도 위험하니……."

그는 아이들에게 주의를 단단히 주었어요.

그로부터 두 시간이 흘렀습니다. 아이들이 돌아올 때가 됐다고 생각한 그는 현관문 밖에서 아들들을 기다렸어요. 순간, 지난여름 배의 밑바닥에 구멍이 뚫린 것이 퍼뜩 떠올랐어요.

"구멍!"

그는 정신없이 호숫가로 뛰어갔어요. 아무리 작은 구멍이지만 두 시간이라면 배가 가라앉고도 남을 시간이었어요. 게다가 아이들은 아직 수영을 할 줄 몰랐어요.

"아, 안 돼. 제발!"

그는 아이들을 잃을 것 같은 괴로움에 몸을 떨며 정신없이 달려갔어요.

드디어 호숫가에 도착했습니다. 멀리서 배를 끌어올리고 있는 두 아이의 모습이 보였어요. 그제야 그는 맥이 탁 풀리며 안도의 한숨을 내쉬었어요.

"헉헉. 무사해서 정말 다행이구나. 배에 구멍이 난 걸 깜빡했지 뭐니."

그는 얼른 배의 밑바닥을 주의 깊게 살펴봤어요. 작은 구멍이 나 있던 자리는 흔

적을 모를 정도로 깔끔하게 메워져 있었어요.

"누구지, 누가 구멍을 막아 놨을까?"

그는 지난겨울 누가 배를 손댔는지 생각을 더듬어 보았어요.

"아, 그 페인트공이로군!"

그는 페인트공이 배를 칠할 때 구멍까지 함께 고쳐준 것이라고 생각했어요. 자신조차 잊고 있었던 구멍을 메워준 페인트공이 그렇게 고마울 수가 없었어요. 그는 정성껏 선물을 준비해 한걸음에 그 페인트공을 찾아갔어요.

"배에 구멍이 난 걸 깜빡 잊었지 뭐요. 당신이 페인트칠을 하면서 부탁하지도 않은 그 구멍을 수리해주시다니요! 당신은 단 몇 분 만에 구멍을 막았겠지만, 그 덕분에 우리 아이들은 생명을 다시 얻었습니다. 정말 감사합니다."

"구멍이 있으면 당연히 막아야지요. 페인트칠하는 김에 금방 수리해서 어려운 일도 아니었는데요 뭐. 지금 기억도 잘 안 나는 일인데 오히려 이렇게 찾아와 주시다니요."

그는 페인트공의 선한 배려에 크게 감명받아 진심으로 머리 숙여 감사드렸습니다.

아가랑 소곤소곤

한 사람의 작은 배려가 두 아이의 목숨을 구하다니. 그러고도 자신을 낮추는 페인트공의 태도에 마음이 따뜻해지는구나. 엄마도 오늘 하루 작은 일로 남을 먼저 배려한 게 무엇이 있나 잠깐 생각해 봤어. 늘 이런 마음가짐을 갖고 살면 모두가 행복한 세상이 될 텐데……. 우리 아가와 함께 좋은 글을 읽으며 엄마도 점점 순수해지는 것 같아.

행복한 왕자

이야기를 들어보렴

우뚝 솟아 있는 동상들은 세상을 내려다보며 무슨 생각을 할까? <행복한 왕자>라는 작품을 읽고부터 엄마는 그런 생각을 하며 동상을 쳐다볼 때가 있단다. '아무리 추운 밤이라도 착한 일을 하고 나면 이상하게 몸이 따뜻해진다'는 문장을 떠올리면서 말이야. 마음이 따뜻해지는 동화 한 편을 들려줄게.

넓은 광장 한가운데에 둥근 기둥이 우뚝 솟아 있었습니다.

그 기둥 위에는 '행복한 왕자'라는 이름의 조각상이 시가지를 내려다보고 있었어요. 온몸은 순금으로 덮였고, 두 눈은 반짝이는 푸른 보석으로 장식되었고, 칼자루에는 루비가 박혀 찬란하게 빛나고 있었어요. 광장을 오가는 사람들은 누구나 이 조각상을 보고 감탄해 마지않았습니다.

어느 날 밤, 조그만 제비 한 마리가 시가지 위를 날고 있었습니다.

"음, 여기서 오늘 밤 머물자. 공기도 좋고 자리도 편안하고 좋군!"

제비는 '행복한 왕자' 발 사이에 내려앉아 잠을 청하려 했습니다. 그때 커다란 물방울이 날개 위에 떨어졌습니다. 제비는 이상하다는 듯이 하늘을 쳐다봤습니다. 하늘에는 구름 한 점 없이 별만 반짝거렸습니다. 그때 또 한 방울이 떨어지자 아무래도 이상해서 위쪽을 쳐다보았습니다. 아, 그런데 이게 웬일인가요. 행복한 왕자의 두 눈이 눈물로 가득 차서 황금의 볼로 흘러내리고 있지 않겠어요? 은은한 달빛을 받고 있는 그 얼굴을 보고 있자니 제비는 어쩐지 가여운 생각이 들었습니다.

"당신은 누구신데 울고 계십니까?"

제비의 물음에 행복한 왕자는 자신을 밝히며 말했습니다.

"내가 인간의 심장을 가지고 살았을 땐 눈물이 무엇인지도 몰랐어. 걱정이라고는 없는 커다란 궁전에서 살았지. 모두가 나를 '행복한 왕자'라고 불렀어."

행복한 왕자는 한숨을 내쉬고는 나지막한 소리로 계속 이야기했습니다.

"그런데 내가 죽고 난 뒤에 사람들이 나를 이렇게 높은 곳에 올려놓는 바람에 이 도시의 슬픔을 하나도 빠짐없이 볼 수 있게 되었단다. 내 심장이 납으로 되어있긴 하지만 울지 않고서는 견딜 수가 없게 되었지."

제비는 아무 말 없이 왕자의 이야기에 귀를 기울였습니다.

"제비야, 저길 좀 봐. 좁은 골목길에 열린 창문으로 바느질하는 집 보이니? 바느질하는 아주머니는 말라 지친 몸에 손은 온통 바늘에 찔려 불그스름하게 부어올라 있어. 방구석에는 아이가 열병에 걸려 울고 있고. 제비야, 내 칼자루의 루비를 뽑아서 저곳에 갖다 줄 수 없겠니? 나는 이 기둥 위에서 한 발짝도 움직일 수가 없으니 말이야."

왕자는 눈물을 흘리면서 제비에게 간곡히 부탁했습니다. 그런 왕자를 보며 제비도 가엾다는 생각이 들었습니다.

"왕자님, 울지 마세요. 오늘 밤 왕자님 심부름을 해드릴게요."

"고맙다. 꼬마 제비야."

제비는 칼에서 루비를 뽑아 입에 물고는 가난한 집으로 날아갔습니다. 제비는 탁자 위의 골무 옆에 커다란 루비를 떨어뜨렸습니다. 그리고 조용히 날면서 열 때문에 괴로워 뒤척이는 어린애의 이마를 날개로 부쳐주었습니다. 어린아이가 기분이 좋은 듯 새근새근 잠든 걸 보고 제비는 행복한 왕자한테로 돌아왔습니다.

"왕자님 이상한 일이에요. 이렇게 추운 밤인데 제 몸은 지금 무척 따뜻해졌거든요."

제비는 이상하다는 듯 고개를 갸우뚱하며 말했습니다.

"그건 네가 좋은 일을 했기 때문이란다."

다음 날, 제비는 친구들이 기다리고 있는 따뜻한 남쪽 나라로 돌아갈 생각이었습니다. 떠나기 전, 행복한 왕자에게로 돌아왔습니다.

"왕자님, 친구들이 기다리는 곳으로 이제 떠나려고 해요."

"제비야, 하룻밤만 더 머물러줄 수 없겠니? 저 멀리 지붕 밑 방에 한 젊은이가 보여. 그는 극장 주인의 지시로 각본을 쓰는 중인데, 난롯불은 꺼져 있고 며칠째 먹지도 못하고 벌벌 떨고 있어. 글을 쓸 힘조차 없나 봐."

제비는 왕자의 말을 듣고 나니 마음이 약해졌습니다.

"왕자님, 그럼 꼭 하룻밤만 더 있을게요. 또 루비를 갖다 줄까요?"

"이젠 루비가 없단다. 하지만 내 왼쪽 사파이어 눈을 빼서 갖다 주렴."

"왕자님, 제가 어떻게. 그건 도저히……."

제비가 울먹이자 왕자는 지그시 바라보며 재촉했습니다. 하는 수 없이 제비는 왕자가 시키는 대로 젊은이의 다락방에 보석을 떨어뜨렸습니다. 젊은이는 책상 위에 푸른 보석이 떨어져 있는 것을 발견하고는 글을 다 쓸 수 있게 됐다며 기뻐했습니다.

"고맙다, 제비야. 모든 게 네 덕분이야."

하지만 다음날에도 왕자님은 하룻밤만 더 있어 달라고 부탁했습니다. 제비는 간곡하게 왕자에게 설명했습니다.

"왕자님, 벌써 겨울이에요. 얼마 안 가서 찬 눈이 내릴 거예요."

"제비야, 길가 모퉁이에 성냥팔이 소녀가 울고 있어. 돈을 갖고 가지 않으면 아버지에게 매를 맞아. 신발도 안 신었어. 오른쪽 눈의 사파이어를 소녀에게 전해주지 않을래?"

"말도 안 돼요. 그럼 왕자님은 앞을 볼 수 없잖아요."

왕자가 한사코 부탁하자, 제비는 하는 수 없이 화살같이 날아가 성냥 파는 소녀의 손바닥 안에 보석을 떨어뜨렸습니다. 두 눈을 잃은 행복한 왕자의 모습에 제비는 마음이 아팠습니다.

"꼬마 제비야, 넌 따뜻한 나라로 날아가야 해. 그동안 정말 고마웠어."

"아니에요, 왕자님. 이젠 제가 왕자님의 눈이 되어 드릴게요."

제비는 행복한 왕자의 곁에 머물기로 결심하고 잠을 청했습니다. 이상하게 제비는 하나도 춥지 않았고 편안한 마음이 들어 저절로 잠의 세계로 빠졌습니다.

* * *

다음날, 제비는 커다란 도시 위를 빙빙 날아다니며 세상 구경을 하고, 밤이 되면 돌아와 왕자님께 자신이 본 것을 그대로 이야기했습니다.

"왕자님, 아이들이 굶주린 채 부잣집 쓰레기통을 뒤지고 있어요. 다리 밑에서는 두 사내아이가 서로 몸을 따뜻하게 하려고 끌어안고 누워있어요."

"제비야, 불쌍한 어린이들에게 내 몸에 붙은 황금을 벗겨서 나누어주겠니?"

제비는 순금을 가난한 사람들에게 나눠주었습니다. 사람들 얼굴에 웃음이 피어날수록 왕자의 번쩍이는 황금빛 몸은 초라한 잿빛으로 변해갔습니다.

어느덧 찬바람이 몰아치고 눈이 내리기 시작했습니다. 긴 고드름이 수정 칼처럼 처마에 드리워져 있었고, 사람들은 털가죽 옷을 입고 다녔습니다. 꼬마 제비는 추워 견딜 수가 없었습니다. 그러나 왕자의 곁을 떠나고 싶지 않았습니다. 빵집 모서리에서 빵부스러기를 주워 먹기도 하고, 몸을 따스하게 하려고 날개를 파닥거려 보지만 맥없이 자꾸 늘어지면서 눈앞도 흐려졌습니다.

"사랑하는 왕자님, 당신의 손에 이별의 키스를 하게 해주세요."

제비는 힘없이 중얼거리며 왕자의 발밑에 떨어지고 말았습니다. 제비가 얼어 죽은 것을 본 왕자는 심한 충격을 받았습니다. 그 순간 납으로 된 심장이 두 조각으로 터져버렸습니다.

다음날 아침, 사람들은 행복한 왕자의 동상을 보고 저마다 한마디씩 했습니다.

"행복한 왕자가 어쩜 저렇게 흉물스럽지. 재수 없게 제비가 얼어 죽질 않나!"

얼마 후, 사람들은 행복한 왕자를 부숴버렸습니다. 이젠 쓸모없는 조각품이라며 용광로에 넣어 불태웠습니다. 그런데 행복한 왕자의 심장만은 끝내 용광로에서도 불에 녹지 않았습니다.

이 이야기는 하늘나라에까지 전해졌습니다. 하느님은 천사에게 이 도시에서 가장 존귀한 왕자의 심장과 꼬마 제비를 가져오게 했습니다. 그리고는 꼬마 제비를 살려 낙원의 뜰에서 언제든지 지저귀도록 했습니다. 행복한 왕자도 황금의 도시에서 영원히 행복하게 살도록 했습니다.

아가랑 소곤소곤

왕자처럼 온전하게 희생을 하면서도 행복할 수 있을까? 널 갖기 전에는 그저 멋진 문학적 표현이라고만 여겼단다. 그런데 요즘은 어린이 후원 캠페인을 보면 왜 그렇게 마음이 쓰이던지……. 결국 인도네시아에 사는 한 아이를 후원했어. 우리 아가를 통해 엄마의 따뜻한 새 심장이 생긴 거나 마찬가지야. 고마워, 아가야!

막내의 사과

이야기를 들어보렴

엄마는 요즘 네가 어떻게 자라서 어떤 사람이 될까 상상해보며 행복감을 느낀단다. 자신이 가진 것을 아끼지 않고 몽땅 내주어서 임금님의 사위가 되고 왕이 되었다는 이야기가 있어. 아낌없이 주는 사랑 이야기는 많이 있는데, 그중에서도 삼 형제의 이야기가 친근하게 다가오는구나.

어느 왕국 임금님에게는 세상에서 가장 사랑스러운 공주가 있었어요. 그런데 공주가 그만 병이 나서 자리에 눕게 되었어요. 용한 의사들이 치료를 해도 나을 기미가 통 보이지 않자 임금님은 수심에 가득 찼습니다. 생각 끝에 임금님은 나라 전체에 포고문을 내걸기로 했습니다.

"공주의 병을 고치는 사람을 사위로 삼겠다. 후일 이 나라도 물려줄 것이다!"

한편, 깊은 산골에 삼 형제가 살고 있었어요. 삼 형제는 각기 귀한 보물을 하나씩 갖고 있었습니다. 큰형은 아무리 먼 곳이라도 가까이 볼 수 있는 마법의 망원경을,

둘째는 아무리 먼 곳이라도 빨리 날아갈 수 있는 마법의 양탄자를, 막내는 마법의 사과를 가지고 있었어요.

하루는 큰형이 나무에 올라가 마법의 망원경을 이리저리 보다가 궁궐 벽에 내걸린 포고문을 보았어요.

"어라, 저게 뭐지?"

큰형은 동생들을 불러 자세히 살펴보았어요.

"음, 수많은 사람들이 궁궐로 들어가고 있어. 공주의 병을 고치려고 가는 모양이군."

"그럼, 우리 삼 형제가 힘을 모아 공주님의 병을 고쳐드립시다."

삼 형제는 둘째의 양탄자에 올라탔습니다. 양탄자는 순식간에 궁궐에 도착했어요.

"저희가 귀하신 공주님을 고칠 수 있습니다."

"오, 정말인가!"

왕은 서둘러 삼 형제를 공주의 방으로 안내했어요. 공주는 죽은 사람처럼 누워있었어요.

"제 사과를 공주님께 드리겠습니다."

막내가 소중하게 간직해온 마법의 사과를 공주에게 먹이자 놀랍게도 공주가 눈을 뜨고 병이 씻은 듯 싹 나았습니다.

"오, 이렇게 기쁠 수가!"

왕은 공주와 삼 형제를 위해 큰 잔치를 벌이고 그 자리에서 공주의 신랑감을 선택하기로 했어요. 그런데 사윗감이 셋이나 되니 난처하기만 했어요. 그래서 삼 형제에게 서로 의논해보라고 일렀습니다. 그러자 첫째가 자신 있게 말했어요.

"왕이시여, 제 망원경이 아니었다면 우리 형제들이 포고문을 보지 못했을 것이

고, 여전히 공주님이 병으로 누워계실 것입니다. 저를 사위로 삼아야 마땅하지 않겠습니까!"

둘째도 지지 않고 나섰어요.

마지막으로 왕은 막내의 말을 듣기 위해 그를 가만히 쳐다보았습니다. 한동안 아무런 말이 없던 막내가 조심스럽게 입을 열었습니다.

"왕이시여. 형들의 말이 모두 맞습니다. 그런데 망원경과 양탄자는 그대로 있지만 저는 공주님께 단 하나뿐인 사과를 드렸기에 제게는 더이상 신비한 능력이 없습니다. 신비한 능력을 가진 두 형님에게 이 나라를 다스릴 기회를 주시옵소서."

막내의 이야기를 듣고 있던 왕은 마침내 결정을 내렸어요.

"삼 형제 중 막내를 내 사위로 삼겠다!"

큰형과 둘째는 깜짝 놀라 그 이유를 물었습니다.

"공주의 병이 낫게 된 데는 두 사람의 힘도 물론 크다. 너희 둘의 보물은 지금 그대로 남아 있다. 하지만, 막내는 자신의 것을 아낌없이 공주에게 모두 내준 것이다."

두 형은 조금 전까지 옥신각신했던 자신들이 부끄러웠습니다.

아가랑 소곤소곤

내가 가진 모든 것을 줄 수 있는 사랑이 얼마나 값진 것인지……. 하나밖에 없는 가장 귀한 것을 내주고도 왕의 사위라는 자리를 형에게 양보하는 동생이 무척이나 돋보이는구나. 그래서 임금님도 막내의 손을 들어준 거겠지? 주는 대로 돌아오고, 베풀면 결국 복 받게 된다는 것, 우리 아가도 늘 마음속에 새기며 살아가면 좋겠어.

아낌없이 주는 나무

이야기를 들어보렴

오늘은 엄마가 어릴 때 봤던 그림 동화 한 편을 너에게 들려주려고 해. <아낌없이 주는 나무>라는 이야기인데, 자신을 희생하며 모든 것을 아낌없이 내주는 사과나무를 통해 세상 모든 부모의 마음을 아름답게 담았단다. 다시 봐도 소년을 향한 나무의 헌신적인 사랑이 여전히 가슴을 울리는구나.

우거진 아름드리나무 한 그루가 있었습니다.

그 나무에게는 사랑하는 소년이 있었습니다. 소년은 매일같이 나무 밑에서 놀았습니다. 가을이 오면 나뭇잎을 한 잎, 두 잎 주워 모아 멋진 나뭇잎 왕관을 만들어 쓰고는 마치 숲속의 왕자인 양 신나게 놀곤 했습니다. 소년은 나무줄기를 타고 올라가서는 나뭇가지에 매달려 그네뛰기도 하고, 목이 마르면 달콤한 사과를 따 먹기도 했습니다. 그러다가 피곤해지면 소년은 나무 그늘에서 단잠을 자기도 했지요. 소년은 나무를 무척 좋아했고 나무도 매우 행복했습니다.

시간은 흘러 소년도 점점 나이가 들어갔습니다.

그래서 나무는 종종 혼자 있을 때가 많아졌습니다.

그러던 어느 날 소년이 나무를 찾아왔을 때 나무가 말했습니다.

"얘야, 내 줄기를 타고 올라와서 가지에 매달려 그네도 뛰고, 사과도 따 먹고, 그늘에서 놀면서 즐겁게 지내자."

"난 이제 나무에 올라가 놀기에는 너무 커버렸어. 내가 사고 싶은 것을 사서 신나게 놀고 싶단 말이야. 그래서 돈이 필요한데, 내게 돈을 좀 줄 수 없겠어?"하고 소년이 대꾸했습니다.

"내겐 나뭇잎과 사과밖에 없어. 얘야, 내 사과를 따서 도시에 나가 팔지 그래. 그러면 돈이 생겨서 너는 행복해지겠지……."

그리하여 소년은 나무 위로 올라가 사과를 따서는 가지고 가버렸습니다.

그래서 나무는 행복했지요. 그러나 떠나간 소년은 오랜 세월이 지나도록 돌아오지 않았습니다.

그러던 어느 날, 소년이 돌아왔습니다. 나무는 기쁨에 넘쳐 몸을 흔들며 말했습니다.

"얘야, 내 줄기를 타고 올라와서 가지에 매달려 그네도 타고 즐겁게 지내자."

"난 나무에 올라갈 만큼 한가롭지 않단 말이야." 하고 소년이 대답했습니다. 그는 또 말하기를,

"내겐 따뜻한 보금자리 집이 필요해, 결혼하면 아내도 있고 어린애들도 있게 될

테니 집이 필요하거든. 너 나에게 집 한 채 마련해줄 수 없겠니?"

"나에게는 집이 없단다."

나무가 힘없이 말했습니다. 그러다 나무는 눈을 반짝이며 다시 말을 이어갔습니다.

"이 숲이 나의 집이잖아. 내 가지들을 베어다가 집을 짓지 그래. 그러면 넌 행복해질 수 있을 거야."

그리하여 소년은 나무의 가지들을 베어 짊어지고 떠났습니다.

그래서 나무는 행복했습니다. 그렇게 떠나간 소년은 오랜 세월이 지나도록 돌아오지 않았습니다.

그러다가 그가 돌아오자 나무는 하도 기뻐서 거의 말을 할 수가 없었습니다.

"이리 온, 얘야. 와서 놀자."

나무는 속삭였습니다.

"난 너무 나이가 들고 비참해서 놀 수가 없어."

소년이 말했습니다.

"난 멀리 떠나고 싶어. 배가 있었으면 좋겠어. 너 내게 배 한 척 마련해 줄 수 없겠니?"

"내 줄기를 베어다가 배를 만들어 봐."

하고 나무가 말했습니다.

"그러면, 너는 멀리 떠날 수 있고……. 그리고 행복해질 수 있겠지."

그리하여 소년은 나무의 줄기를 베어내서 배를 만들어 타고 멀리 떠나 버렸습니다.

그래서 나무는 행복했으나, 진심은 아니었습니다.

* * *

그리고 오랜 세월이 지난 뒤에 소년이 다시 돌아왔습니다.

"얘야, 미안하다. 이제는 너에게 해줄 것이 아무것도 없구나. 사과도 없고……."

"난 이가 나빠서 사과를 먹을 수가 없어."

"내게는 이제 가지도 없으니, 네가 그네를 탈 수도 없고……."

"나뭇가지에 매달려 그네를 타기에는 난 이제 너무 늙었어."

"내게는 줄기마저 없으니, 네가 타고 오를 수도 없고……."

"타고 오를 기운이 없어."

"미안해. 뭔가 너에게 주었으면 좋겠는데. 하지만 내게 남은 것이라곤 아무것도 없단 말이야. 나는 다만 늙어버린 나무 밑동일 뿐이야. 미안해."

나무는 한숨을 지었습니다.

"이제 내게 필요한 건 별로 없어. 조용히 앉아서 쉴 곳이나 있었으면 좋겠어. 난 몹시 피곤해."

소년이 말했습니다.

"아, 그래?"

나무는 안간힘을 다해 굽은 몸뚱이를 펴면서 말했습니다.

"자, 앉아서 쉬기에는 늙은 나무 밑동이 그만이야. 얘야, 이리로 와서 앉으렴, 앉아 쉬도록 해."

이제 노인이 되어버린 소년은 나무가 시키는 대로 했습니다. 그래서 나무는 다시 행복했습니다.

아가랑 소곤소곤

부모의 사랑을 '내리사랑'이라고 한단다. 세상에서 보상을 바라지 않는 유일한 관계이기 때문이지. 소년에게 아낌없이 전부를 내어주는 나무가 마치 부모를 닮은 것 같아. 엄마도 너를 보듬고 기다리며 아낌없이 베푸는 숭고한 사랑을 조금씩 알아가고 있단다. 이런 부모 마음을 느끼게 해줘서 고마워. 소년과 나무처럼 세상에서 가장 아름다운 관계도 우리 아가랑 엄마란 것, 잊지 않기를 바래.

성공하는 자녀로 키우려면 나눔을 알려주세요

세계 상위 1% 부자들의 기부

성공하는 자녀로 키우려면 그 답은 '기부' 혹은 '나눔'이 아닐까 생각합니다.

마이크로소프트사의 창업자 빌 게이츠는 자선사업가 어머니의 영향을 받아 어릴 때부터 나눔을 실천했습니다. 빌 게이츠는 지난 20년간 하루에 약 50억씩 기부했다고 하니 믿을 수 없을 정도입니다.

페이스북의 설립자 마크 주커버그도 첫아이가 태어나자 재산의 99%를 기부하겠다고 발표하고 이를 실천했습니다. 이처럼 성공한 부호들은 엄청난 기부를 한다는 점과 그들 대다수가 유대인이라는 공통점이 있습니다.

그들의 기부문화는 어떻게 형성된 것일까요? 바로 '체다카(Tzedakah)'라는 유대인들의 자선 태교에 있습니다. 유대인들의 태교는 탈무드와 함께 오랫동안 전해 내려옵니다. 그들은 랍비의 지도에 따라 결혼 전부터 철저히 계획임신을 하고 저금통 태교를 지키고 있습니다. 그것이 유대인 교육열의 밑거름이 되어 세계적 부호뿐 아니라 노벨상을 수상하는 인재까지 만들어내는 것입니다.

'체다카' 저금통 태교

이스라엘의 산모는 임신하면 저금통 하나를 준비한다고 합니다. 매일 아침 동전 한 닢을 꾸준히 저금통에 넣어서 출산을 하면 기부하려고 하는 것입니다. 동전이 '딸랑' 떨어지는 소리가 배 속의 아기와 신에게까지 들린다고 생각합니다. 태아가 남을 돕는 기쁨의 소리를 미리 배워서 태어난다고 믿는 것입니다.

유대교 경전 토라에 근거한 체다카 풍습은 동전 한 닢의 작은 선행을 꾸준히 한 사람에게 '내가 너의 신이 되어 주겠다'는 성경의 약속에 따른 것입니다. 선행을 심으면 선으로 거둔다는 우주의 법칙대로, 부모가 심으면 자녀들의 삶이 풍요롭게 됩니다. 선행을 하면 행복 호르몬이 나와서 태문을 쉽게 열게 해 순산한다고 믿었던 옛사람들의 지혜이기도 합니다.

지금도 유대인들은 아이가 태어나면 두 개의 저금통을 갖고 교육을 시킵니다.

하나는 자신을 위한 것이고, 다른 하나는 기부를 위한 것입니다. 그들은 나눔을 통해 인간만이 갖는 사랑, 감사와 같은 고상한 도덕성을 배웁니다.

빈부를 떠나 평생 기부하는 삶을 통해 결국 내가 풍요로워지게 됩니다. 이것이 삶의 진리이기도 합니다.

유불 사상에서의 베풂

우리나라도 불경이나 유교경전에서 공통적으로 자선을 강조해왔습니다. 특히 자식이 소원인 사람들에게 자선 행위는 필수과목과도 같았습니다.

조선 중기, 어느 젊은이는 자식을 얻고자 3천 가지 선행을 부처님께 서약했습니다. 그는 3천 번을 헤아리기 위해 한 가지 선행을 할 때마다 즉시 붓으로 기록했습니다.

하지만 그 아내는 글을 쓸 줄 몰라 매번 착한 일을 할 때마다 바느질하는 가위 깃대에 인주를 묻혀 달력의 날짜 위에 동그라미를 하나씩 찍었습니다. 때로는 가난한 사람에게 음식을 보시하기도 하고, 때로는 민물고기와 같은 산목숨을 사들여 방생을 하기도 했습니다. 어떤 날에는 많게는 열 개의 동그라미가 찍

히기도 했습니다.

3년 뒤 어느 날, 삼천 개의 수가 꽉 차서 스님들을 초청해 기도를 올렸습니다. 그다음 해에 아들이 태어났습니다. 하늘이 열어주었다고 하여 '천계'라고 이름을 지었습니다. 그리고 다시 진사에 합격하기를 바라는 염원을 갖고 1만 가지 선행을 행하니 병술년(1586년)에 등제하여 현감이 되었습니다.

이처럼 부모가 자비와 긍휼을 하늘에 쌓으면 그 자녀가 복을 누린다는 것은 동서양의 공통된 사상이었습니다. 옛날 일만은 아니며 현재도 여전히 유효한 가치입니다.

아이에게 집안일을 하는 데 10달러를 주지 마라

고용자의 사고방식을 키우는 것이다

대신 아이가 책 한 권을 읽을 때마다 10달러를 줘라

억만장자의 사고방식을 키우는 것이다

– 워런 버핏 –

마음에 새겨두고 싶은

또박또박, 명언 쓰기

제5장 세상을 빛내는 사람으로 자라렴

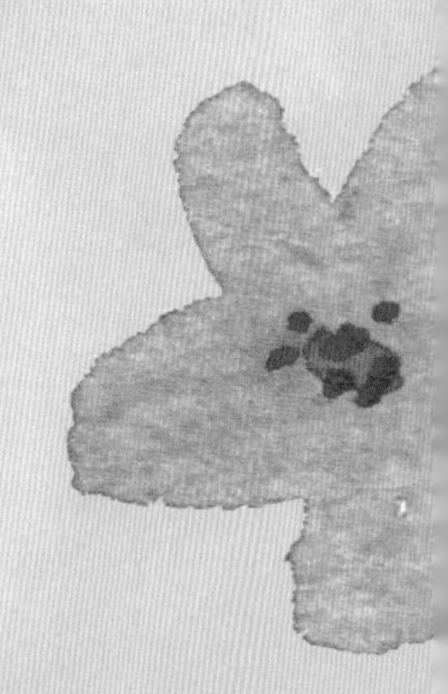

꼬까신

최계락

개나리 노오란
꽃그늘 아래

가지런히 놓여있는
꼬까신 하나

아가는 사알짝
신 벗어 놓고

맨발로 한들한들
나들이 갔나

가지런히 기다리는
꼬까신 하나

아르키메데스와 금관

이야기를 들어보렴

우리 아기가 엄마에게 찾아왔다는 사실을 알았을 때 얼마나 기쁘던지 '유레카'라고 소리 지를 뻔했어. 내가 엄마가 된다고? 도저히 믿기질 않는 인생 최대 신기한 일이었으니. 오늘은 문득 그때가 떠올라서 '아르키메데스의 원리'로 유명한 천재 과학자 이야기를 들려주려고 해. 귀 기울여보렴.

기원전 3세기, 시라쿠사 왕국에 아르키메데스라는 수학자가 살았습니다. 아르키메데스는 히에론 2세 왕과 친척인 귀족 출신으로 이집트의 알렉산드리아에 있는 왕립학교로 유학을 다녀오기도 했답니다. 왕은 그런 아르키메데스에게 국정에 대해 이런저런 자문을 구하곤 했어요.

얼마 전, 히에론 2세는 순금으로 장식된 새로운 왕관을 만들라고 주문했어요. 그런데 세공사가 금을 슬쩍하고 있다는 소문이 들렸습니다. 드디어 세공사가 순금 왕관을 완성해 왕 앞에 가져왔어요.

“폐하, 왕관을 드디어 완성하였사옵니다.”

정중히 받쳐 올리는 세공사의 눈빛을 살펴본 히에론 왕은 아무래도 의심스러웠어요.

‘이 왕관이 진품인지 가려낼 수 없을까? 아, 아르키메데스라면…….’

왕은 신하에게 당장 아르키메데스를 불러오라고 명령했어요.

한편, 아르키메데스는 신무기 개발로 여념이 없었어요. 그날도 아르키메데스는 최근 막강해지고 있는 로마 군대에 대항할 신무기 연구에 몰두하고 있었는데, 왕의 부름을 받고 서둘러 왕궁으로 향했어요. 아르키메데스를 보자마자 왕은 번쩍번쩍 눈이 부시는 멋진 금관을 내놓으며 말했어요.

“이 금관이 진짜인지 좀 조사해보게. 조용히 말일세.”

아르키메데스는 그날부터 여러 가지 실험을 거듭했지만 금방 좋은 결과가 나오질 않았어요.

‘밀도와 무게까지 조사해봤지만 같았으니 이젠 부피를 재보는 수밖에. 그런데 모양이 뾰족뾰족하니 어떻게 재지?’

아르키메데스는 골똘히 생각했어요. 주사위같이 가로, 세로, 높이가 반듯한 것은 부피를 재기가 쉽지만, 왕관처럼 복잡한 모양은 부피를 잴 방법이 없었거든요. 마땅한 생각이 떠오르지 않자, 아르키메데스는 후덥지근한 날씨조차도 더 짜증스러웠어요. 그래서 머리를 식힐 겸 목욕이나 하려고 하인에게 욕조에 물을 받으라고 명령했어요.

* * *

아르키메데스는 평소처럼 목욕을 하면서 생각을 가다듬으려고 욕조에 몸을 담갔

어요. 그는 무심결에 욕조 밖으로 넘쳐흐른 물에 눈길이 멈췄어요.

'가만있자……. 물이 밖으로 넘쳐흐른 만큼이 내 몸 부피잖아. 그럼 금관도?'

"얏호, 유레카(Heurēka)!"

그 순간, 아르키메데스는 너무 기쁜 나머지 벌거벗은 줄도 모르고 환호성을 지르며 거리로 뛰어나왔어요. 그때부터 아르키메데스는 전설적인 미치광이 발명가로 알려졌어요. 그와 함께 '유레카'라는 말도 유명해졌지요. 유레카는 '알아냈다, 대단한 걸 발견했어'라는 뜻의 그리스 말로 '번뜩이는 깨달음의 환호성'을 의미합니다.

아르키메데스는 욕조에서 흘러넘친 물의 양이 자기 몸의 부피와 같다는 사실을 발견하고는, 순금덩어리를 넣었을 때보다 왕관을 넣었을 때 물이 더 많이 넘친 것을 알아냈어요. 왕관에는 금 외에 은이나 다른 물질이 더해져 부피가 늘어난 것이죠. 이것이 일명 '부력의 이치'라고도 하는 '아르키메데스의 원리'입니다. 무거운 쇳덩어리로 된 배가 바다에서 뜨고 비행기가 공중을 날 수 있는 것이 이 부력의 원리 때문이라고 해요.

한편, 이 모든 사실을 알게 된 왕은 왕관을 만들었던 금 세공사에게 엄벌을 내렸지요.

"네 이놈, 감히 왕인 나를 속이다니……."

왕은 아르키메데스와는 더욱 돈독한 사이가 되어 그의 연구를 적극적으로 지원했어요. 천재발명가이자 과학자인 아르키메데스는 지렛대의 원리로 투석기를 발명하여 시라쿠스 왕국은 오랜 시간 동안 강대국 로마에 항거할 수 있었답니다.

아가랑 소곤소곤

우리 아가는 이다음에 어떤 사람이 될까? 요즘 엄마도 독서 태교로 하루하루 성장해가고 있으니 우리 아기도 총명하게 자라서 아르키메데스처럼 세상을 밝히는 빛이 되었으면 좋겠어. 아무쪼록 엄마 뱃속에서 건강하게 지내다가 태어나렴. 네가 태어나는 순간은 아주 멋지겠지? 엄마는 그때 '유레카!'라고 외칠 거야.

황희 정승과 누렁소

이야기를 들어보렴

조선 시대 명재상으로 유명했던 분이 황희 정승이지. 황희 정승은 태종, 세종 시기의 태평성대를 이끌면서 80세가 넘을 때까지 관직에 있었어. 제발 물러나게 해달라고 상소를 올려도 세종대왕이 여러 번 반려하셨대. 그 이유는 무엇일까? 이 이야기를 들으면 황희 정승이 어떤 깨달음으로 존경받는 인물이 되었는지 알 수 있을 거야.

초여름, 후덥지근한 먹구름이 비라도 한바탕 쏟아낼 하늘입니다.

어느 선비가 시골길을 가다가 마을 어귀에 도착했어요. 선비는 잠시 길을 멈추고 나무 그늘을 찾아 피곤한 다리를 쉬고 있었어요.

논에서는 농부들이 모심기를 위해 한창 논갈이를 하고 있었어요. 그중 한 늙수그레한 농부가 소 두 마리를 함께 몰면서 '이랴, 이랴' 하며 밭일에 열중하고 있었어요.

선비는 그 농부의 일하는 품새를 물끄러미 지켜보고 있었어요. 그러다 무엇이 궁금해진 듯, 농부에게 잘 들리도록 큰 소리로 물었어요.

"그 검정소와 누렁소 중에서 어떤 소가 일을 더 잘합니까?"

그러자 농부는 당황한 듯 얼른 일손을 놓더니 논 가장자리로 성큼성큼 걸어 나왔어요. 그리고는 선비 곁에까지 와서는 귀에 대고 조그맣게 말했어요.

"어느 쪽이 일을 잘하느냐고 물으셨나요? 힘은 저 검정소가 더 셉니다만, 꾀부리지 않고 일을 잘하는 건 누렁소지요."

그 말을 들은 선비는 껄껄 웃으며 말했어요.

"하하, 그렇소이까. 근데 어째서 노인장께서는 하찮은 짐승의 일을 가지고 일손을 멈추고 여기까지 와서 귓속말로 이렇게 비밀스럽게 말합니까?"

그러자 농부는 조용히 고개를 저으며 말했어요.

"아무리 말 못 하는 짐승이라도 나쁜 말을 듣게 하면 안 되는 법이지요. 둘 다 열심히 일하고 있는데 누렁소가 더 일을 잘한다고 한 것이 검정소의 귀에 들어가면 기분이 좋을 리가 있겠소? 앞에서 혼내는 것보다 뒤에서 흉본 것이 더 기분 나쁜 법이라오."

선비는 범상치 않은 농부의 대답에 짐짓 놀라 농부의 얼굴을 쳐다보았어요. 땀으로 얼룩져 주름이 더 굵게 보였지만 얼굴에는 온화한 기색이 흘렀어요.

부리는 소까지 가족처럼 배려하는 그 늙은 농부의 마음 씀씀이에 선비는 자신도 모르게 농부의 흙 묻은 손을 꽉 잡으며 말했어요.

"참으로 평생 새겨들을 말씀을 들었습니다."

선비는 진심으로 감동하며 자신의 짧았던 생각을 뉘우치게 되었어요.

그 선비가 바로 조선 세종 때의 황희 정승이랍니다. 당시 황희 정승 자신도 벼슬아치들의 미움을 받아 잠시 한양에서 물러나 있을 때였습니다. 그러기에 농부가 준 교훈은 더욱 마음을 울렸지요. 이후, 평생 남을 헐뜯는 말을 하지 않고 살아서 조선 최고의 훌륭한 재상이 되었습니다.

'낮말은 새가 듣고 밤말은 쥐가 듣는다'는 우리 속담이나 '세 치 혀를 조심하라'는 서양 속담처럼, 말을 조심하라는 것은 동서고금의 공통된 격언인 것 같아. 비록 짐승이지만 소에게조차 말을 조심한 농부를 보고 크게 깨달은 황희 정승의 이야기에서 언행이 얼마나 중요한지 다시 한번 생각하게 되는구나. 우리 아가도 '내 말은 아끼고 남의 말은 잘 듣는' 황희 정승 같은 고상한 품격을 갖춘 사람으로 자라나기를 바란단다.

마리 퀴리 가의 영광

이야기를 들어보렴

인류에게 공헌한 사람에게 주는 노벨상이라는 영예로운 상이 있단다. 퀴리 부인은 두 번씩이나 그 상을 받은 최초의 인물이지. 여성 과학자를 무시했던 19세기 풍토를 딛고 말이야. 마리 퀴리는 라듐 발명 특허권을 내세우지 않고 인류에게 빛을 남긴 휴머니스트이기도 하지. 훗날 딸과 사위까지도 노벨상을 받은 그야말로 '노벨상 패밀리'의 이야기를 꼭 들려주고 싶어.

1898년 7월, 마리와 피에르는 드디어 새로운 물질을 발견했습니다.

그것은 우라늄보다 400배나 강한 광선을 가진 물질이었습니다. 그동안 마리는 역청 광석을 갈고, 거르고, 가열하고, 산에 용해하고, 증류하고, 다시 용해하는 데 수많은 낮과 밤을 보냈습니다. 마리는 이 새로운 물질로 조국 폴란드를 기리고 싶었습니다.

"이 원소는 폴란드의 앞글자를 따서 '폴로늄'이라고 부르고 싶어요."

피에르는 아내 마리의 조국애를 이해하며 조용히 고개를 끄덕였습니다.

“이 사실을 알면 러시아에 시달리는 내 나라 폴란드 사람들이 얼마나 기뻐하겠어요?”

“좋아요, 마리. ‘폴로늄’이라 명명하자구!”

이렇게 퀴리 부부는 폴로늄 발견을 시작으로 라듐과 방사성 원소를 잇달아 발견했습니다. 그것은 실로 세계사에서 위대한 발명의 연속이었습니다. 퀴리 부부는 그러한 것들을 하나하나 세계 학계에 발표하면서 수많은 과학자들의 연구를 촉발시켰습니다.

어느 날, 미국에서 방사성 물질을 사용하게 해달라는 요청이 왔습니다.

“어떻게 하지, 마리? 우리의 연구 결과를 남김없이 그들에게 가르쳐줘야 할까?”

“물론이죠. 모두 가르쳐주도록 해요.”

“아니, 내가 하고 싶은 말은 우리가 라듐을 발견했으니 소유권자가 될 수 있다는 얘기야. 특허권을 가지고 온 세계 라듐 제조 권리를 가질 필요가 있지.”

그러나 마리는 조금도 주저하지 않고 말했습니다.

“피에르, 그건 과학자 정신에 위배되는 것이 아닐까요?”

“하지만 특허권이 있다면 앞으로 우리들의 실험이나 연구는 훨씬 쉬워질 텐데. 비가 새지 않는 실험실에서 실험할 수도 있고, 돈 걱정 없이 아이들을 키울 수 있고…….”

피에르는 조용히 웃었습니다. 마리도 따라 웃음 지었지만 단호히 말했습니다.

“피에르, 우리의 발견이 비싼 값에 팔린다 해도 우리 물리학자들과는 별로 관계가 없다고 생각해요. 우리가 발견한 라듐이 병자를 낫게 할 수 있다는 사실만으로도 나에겐 얼마나 기쁜 일인지 몰라요. 그 이상의 것을 바라는 건 잘못된 일이 아닐까요?”

마리 퀴리의 투철한 과학자 정신이 있었기에 오늘날 라듐을 전 세계 모든 과학자나 의료인들이 무상으로 사용할 수 있었던 것입니다.

* * *

그 후 1914년 제1차 대전이 터졌습니다. 독일이 파리를 공격해오자 마리 연구실의 연구원들도 병력동원령에 따라 떠났습니다.

"선생님, 파리는 아주 위태롭습니다. 어서 피난하세요."

주변 사람들의 권유에도 마리는 결연한 태도를 보였습니다.

"비록 적이 파리에 들어온다 해도 나는 이 연구소 안에서 한 발짝도 움직이지 않을 거예요. 이곳을 비우면 적들이 들어와 귀중한 실험 기구를 멋대로 파괴할지도 몰라요. 목숨과도 같은 라듐을 1그램도 침략자의 손에 넘길 수 없어요."

그녀는 연구소에 남아 오히려 국가에 도움 되는 일을 생각해냈습니다. 수많은 군인들이 전쟁터에서 제대로 수술도 못 받고 죽어간다는 소식을 듣고는, '어떻게 이런 일이 있지? 전쟁터 야전 병원에 방사선 장치가 없다니. 그럼, 외과 의사들이 총알이나 포탄이 어디 박혔는지도 모른 채 되는대로 부상자를 수술한단 말이야? 말도 안 돼!'라고 생각했습니다.

마리는 전선에 방사선을 어떻게 활용할지 골똘히 고민하다가 밤을 꼬박 새웠습니다. 새벽녘이 되자 문득 밖에서 달리고 있는 자동차 경적소리가 들렸습니다.

'그렇지. 자동차를 쓰면 되겠구나. 자동차를 개조해 방사선 치료차를 만들면 전선 어디나 갈 수 있겠지.'

그녀는 날이 밝는 것을 기다리지도 못하고 바로 육군 당국으로 달려갔습니다. 마리의 열성에도 불구하고 당국은 난색을 표했습니다.

"훌륭한 뜻은 알겠습니다만 그만한 설비를 갖출 돈이 없습니다. 전투 장비에 들어가는 군비만 해도 엄청납니다."

마리는 독지가들에게 나라를 구할 수 있는 일이 있다며 호소했습니다. 마리의 열의는 사람들을 움직여 독지가들의 헌금과 대형차를 기부받았습니다. 20대의 차량을 얻어낸 마리는 전장을 누빌 수 있는 통행증을 얻으러 육군본부로 달려갔습니다.

"호의는 감사합니다만 전선에는 나름대로 병원도 있고 어느 정도 의사도 있습니다."

"그렇다면 전선 병원 중에 방사선 치료 설비가 있는 곳이 얼마나 됩니까? 없을 겁니다. 방사선만 있으면 탄환이 들어간 곳을 알아내 즉각 수술할 수 있어요. 프랑스 측에서 수천 발의 탄환을 소모하는 것보다 한 사람의 병사를 잃는 것이 손실이 더 큽니다. 지금 몸 안에 박혀 있는 탄환으로 고통받고 있는 병사들의 신음소리가 당신에게는 들리지 않나요?"

그 말에 굴복하여 관리가 마리에게 통행증을 발급했습니다. 마리는 곧바로 회색 트럭에 적십자 마크를 달고 방사선 치료 시설을 설치하고 전장으로 갔습니다. 수많은 부상병들의 피비린내에 숨이 막힐 지경인 암실 속에서 X선 장치를 조절하며 외과 의사에게 사용법을 일러주었습니다.

"아, 보입니다. 박사님, 고맙습니다!"

젊은 외과 의사는 기쁨에 들떠 소리쳤습니다.

"참으로 대단합니다. 이것만 있으면 환자를 살릴 수 있습니다. 왜 좀 더 빨리 방사선 치료반을 만들지 않았는지 후회됩니다."

이렇게 해서 마리 퀴리 한 사람이 전선 각 지구에 치료반을 200개소 설치했습니다. 어떤 때는 마리 혼자서 차의 핸들을 쥐고 위험한 전쟁터로 달려 부상병들을 찾아 나설 때도 있었습니다. 땀과 먼지로 시커멓게 된 채 야전 병원에 도착하면 아무도 저 유명한 노벨상 수상자 퀴리 박사인 줄 몰랐습니다.

그렇게 전장을 누비는 중에도 딸들에게 편지를 써 보내는 일은 잊지 않았습니다. 열입곱 살이 된 큰딸 이렌은 엄마와 함께 나라를 위한 일에 동참하고 싶어 했습니다.

"저도 방사성 치료실 조수로 돕고 싶어요. 지금 간호사 자격증도 준비 중이랍니다."

이렇게 무거운 장비를 운반하고 방사선 조작도 하며 모녀가 전장을 누볐습니다.

이후, 마리 퀴리는 1903년 부부 공동 노벨 물리학상에 이어 1911년 마리 퀴리 단독으로 노벨 화학상을 수상했고, 프랑스 소르본대학의 첫 여성 교수로 취임했습니다. 1935년에는 딸 이렌 퀴리와 사위가 공동으로 노벨 화학상을 받았고, 둘째 사위 헨리 라부아스 주니어는 노벨 평화상을 받기도 했습니다. 2대에 걸친 한 가족 5명이 노벨상을 수상한 세계 역사상 최초의 '노벨상 가문'이 바로 마리 퀴리 가입니다.

아가랑 소곤소곤

아가야, 어제는 너를 초음파로 살짝 봤는데 정말 신기했어. 과학이 인류 발전에 공헌한다는 것을 퀴리 부인을 통해 실감하게 되는구나. 태교를 위해 <퀴리 부인전>을 다시 읽었는데, 노벨상에 빛나는 업적도 대단하지만 그녀의 과학자 정신과 휴먼 스토리도 감동이었어. 딸도 그런 엄마를 보면서 훌륭한 사람으로 클 수밖에 없었겠단 생각이 드네. 엄마도 우리 아기가 본받을 수 있는 훌륭한 엄마가 되도록 노력해야겠어.

생명은 천금보다

이야기를 들어보렴

조선 후기, 우리나라 사람 중에 최초로 외국에 땅을 소유하게 된 선비가 있었대. 주인공은 '이덕유'라는 역관인데, 그는 사형장에 끌려가는 사람의 생명도 소중하게 여겨서 긍휼을 베풀었는데 그 사랑이 그에게 다시 행운을 돌려준 것이지. 선이 선을 낳는 원리를 이 이야기에서 볼 수 있단다.

조선 의주에서 북서쪽, 넓디넓은 요동 벌판이 펼쳐집니다.

청나라로 가는 사신 행렬이 구불구불한 길을 종일 따라 걸어가고 있었습니다. 그는 청나라 사신들의 통역관이었습니다. 역관들은 대개 녹봉을 인삼으로 대신 받아 이것을 청나라에 팔기도 했지요.

요동 벌판은 어찌나 넓은지 아침 먹고 길을 떠나면 해가 질 때까지 집 한 채 보이지 않고, 지나가는 사람 한 명 만나기도 어려웠습니다. 어쩌다 사람들을 만났다 싶으면 죄인을 끌고 가는 행렬이었습니다.

"어이구, 또 한 사람 끌려가는구나."

옆에서 누군가 이렇게 말했습니다. 이덕유가 고개를 들어보니 맞은편에서 먼지구름을 일으키며 다가오는 무리가 있었습니다. 아니나 다를까, 죄인 한 명을 묶어서 끌고 가는 행렬이었답니다. 이덕유가 '쯧쯧' 혀를 차며 걸음을 옮기는데, 갑자기 죄인이 불쑥 손을 내밀며 말했습니다.

"물, 물 한 모금만 좀 주시오!"

죄인은 머리카락이 풀어 헤쳐지고 옷은 갈기갈기 찢겼지만, 어쩐지 눈빛만은 또렷했답니다.

"아니, 곧 죽을 목숨이 물은 찾아서 뭐 해?"

병사가 죄인을 쥐어박자 그는 쏘아보며 말했습니다.

"나는 죄를 지은 일이 없소."

"뭐야? 나랏돈 천금을 떼어먹은 놈이 죄가 없다고?"

"그건 내가 한 일이 아니오!"

죄인과 병사 사이에 오가는 이야기를 가만히 듣고 있던 이덕유가 끼어들었습니다.

"아니, 그럼 죄를 짓지도 않았는데 사형장으로 끌려가는 길이란 말이오?"

"그렇소. 난 누명을 뒤집어썼소이다. 천금이 없어 곧 죽을 목숨이지만, 죄를 짓지 않았다는 건 하늘에 대고 맹세할 수 있소."

죄인이 당당하게 말했습니다. 정말 죄를 짓지 않았다면 무척 안타까운 일입니다.

'아무리 봐도 저 사람은 죄인이 아닌 것 같구나. 눈빛에 죄지은 기색이라고는 찾아볼 수 없으니.'

가던 걸음을 멈추고 곰곰이 생각하던 이덕유는 마침내 병사에게 다가가 말을 걸

었습니다.

"이보시오. 그럼 천금을 물면 저 사람을 풀어준단 말이오?"

"그야 그렇소만, 댁은 뉘시오?"

"나는 조선의 역관 이덕유라고 하오. 내가 천금을 내겠소. 돈보다는 사람 목숨이 중요하지 않소? 저 사람은 죄인이 아닌 것 같으니 그만 풀어주시오."

죄인을 데리고 가던 병사들은 모두 깜짝 놀랐습니다.

"생전 처음 본 사람을 구하려고 천금을 낸다고?"

이덕유는 주저하지 않고 그 자리에서 보따리를 풀더니 가지고 있던 돈을 턱 내놓았습니다.

"고맙습니다. 정말로 고맙습니다!"

죄인은 눈물을 흘리며 이덕유에게 고개를 숙였습니다. 이덕유는 아무 말도 없이 서둘러 사신 행렬을 다시 따라갔습니다.

* * *

그 뒤, 세월이 흐르고 흘러 20여 년이 지난 어느 날이었습니다.

이덕유는 여전히 역관으로, 또다시 사신 일행을 따라 청나라에 가느라 요동 벌판 한가운데 있는 작은 마을에 들러 쉬고 있었습니다. 그때 한 청나라 사람이 다가오더니 말을 걸었습니다.

"혹시 조선에서 오는 사신 행렬입니까?"

"그렇습니다. 무슨 일이신지요?"

"혹시 일행 가운데 이 통사님이라는 분이 계십니까?"

통사는 역관을 부르는 이름이랍니다.

"조선에 이 통사가 어디 하나둘이오? 일행 중에 이덕유 통사가 있긴 한데……."

"이덕유 통사요?"

청나라 사람은 가물가물한 기억을 되살리는지 고개를 갸웃거렸습니다. 그때 막 행렬의 뒤쪽에서 따라오던 이 통사가 마을 어귀로 접어들었습니다.

"저기 이리로 걸어오는 사람이 바로 이덕유 통사요."

그 말에 청나라 사람은 이덕유가 걸어오는 쪽으로 고개를 돌렸습니다.

"맞습니다. 바로 저분입니다!"

청나라 사람은 이덕유에게 한달음에 뛰어갔습니다.

"아이고, 이 통사님! 드디어 만났습니다."

청나라 사람은 이덕유를 붙잡고 눈물을 흘리기 시작했습니다.

"뉘신데 이러시오?"

"20여 년 전에 제 목숨을 살려주시지 않았습니까? 제가 바로 천금 때문에 사형장에 끌려가던 바로 그 사람입니다."

"아니, 그럼 그때의……?"

이덕유도 그제야 그 사람을 알아보았습니다.

"그동안 사방으로 수소문을 하며 이 통사님을 찾았습니다. 저도 사람인데 은혜를 갚아야 하지 않겠습니까? 이 통사님, 저와 함께 가실 곳이 있습니다."

청나라 사람은 이덕유를 이끌고 들판을 가로질러 갔습니다. 끝도 보이지 않는 너른 들판 한가운데에 이르자 청나라 사람이 그에게 말했습니다.

"여기가 모두 이 통사님의 땅입니다."

"뭐요?"

"그때 결국 진짜 죄인이 잡혔답니다. 그래서 이 통사님이 저를 살리느라 주신 돈 천금을 돌려받았지요. 그 돈으로 땅을 샀고, 그 땅에 농사를 지어 벌어들인 돈으로 또 땅을 샀지요. 그러다 보니 땅이 이렇게 넓어졌습니다. 모두 이 통사님의 땅이고 여기에서 거둬들이는 소득 또한 이 통사님의 것입니다."

청나라 사람은 흐뭇한 미소를 지으며 말을 맺었습니다. 그리하여 이덕유는 하루아침에 요동 벌판 넓은 땅의 주인이 되었답니다. 돈보다 사람을 귀하게 여긴 마음씀씀이 덕분에 큰 보응을 받은 것입니다.

이덕유는 갑자기 큰 부자가 되었지만 돈을 헤프게 쓰거나 잘난 체하지 않았습니다. 본래부터 검소했던 그는 부자가 된 뒤에도 가족들에게도 비단옷을 입지 못하게 하고 낡은 무명옷을 아껴 입도록 했습니다.

이후, 이덕유는 조선에서뿐 아니라 청나라와의 무역에서도 상인들의 형편을 고려해주고 사람 됨됨이를 믿어주는 거래를 하여 더욱 큰 거상이 되었습니다.

아가랑 소곤소곤

발길질이 유난한 것을 보니 우리 아가도 재미있었구나. 죄인의 진정성을 알아본 이덕유의 사람 보는 눈도 대단하고, 그 은혜를 갚고자 열심히 일군 땅으로 통 크게 보답한 청나라 사람도 참 멋지지? 부자가 되고서도 이덕유는 가족들에게 검소를 강조했다고 하는데 노블리스 오블리제를 보여준 진정한 부자라고 해야겠지. 우리 아가도 돈보다 더 값진 가치들을 소중히 여길 줄 아는 멋진 사람으로 자라나길 바래!

뒤러의 기도하는 손

이야기를 들어보렴

세상을 살아가면서 부모 형제 다음으로 중요한 사람이 친구란다. '친구 따라 강남 간다', '어려울 때 친구가 진짜 친구'처럼 친구에 관련된 속담도 많지. 독일의 유명한 화가 알프레드 뒤러와 친구의 우정은 가슴 뭉클한 감동을 주는구나. 뒤러가 그린 '기도하는 손'에 얽힌 감동적인 실화를 들어볼래?

알프레드 뒤러는 화가가 되고 싶은 창창한 꿈을 품고 있었습니다. 하지만 마음뿐, 집안이 워낙 어려워 하루 세끼도 겨우겨우 잇고 있으니 도저히 엄두를 못 냈습니다.

'어떻게 하면 그림 공부를 할 수 있을까?'

뒤러는 고민을 안고 친구를 찾아갔습니다. 그 친구도 화가가 되고 싶어 했기에 뒤러의 마음을 금방 알아차렸습니다.

"나나 자네나 그림 공부를 해서 화가가 되고 싶지만 돈도 많이 필요하고, 시간도 많이 걸리고……. 그래서 생각해봤는데."

"무슨 좋은 방법이라도 있나?"

뒤러가 묻자 그 친구는 머뭇머뭇하다가 말을 꺼냈습니다.

"한 사람씩 교대로 공부를 하면 어떨까? 한 사람이 먼저 일을 구해서 돈을 벌어 학비를 대주는 거지. 공부를 마치면 뒷바라지해준 친구가 진학할 수 있게 돕는 거야."

"그래! 그럼 되겠다. 좋은 생각이야. 그런데 누가 먼저 공부를 하지?"

"자네가 먼저 하게. 난 식당일을 하며 돈을 벌게."

이렇게 하여 두 사람은 마음을 모아서 곧바로 실행에 옮겼습니다.

어느덧 시간이 흘러 뒤러는 미술공부를 마치고 졸업을 했습니다. 이제부터 자기가 그림을 그리며 돈을 벌어 친구 뒷바라지를 할 생각으로 친구가 일하던 식당으로 찾아갔습니다. 그런데 친구는 그곳에 없었습니다. 이사를 갔다는 말에 뒤러는 여기저기 물으며 애타게 친구를 찾아 헤맸지만 허탕만 쳤습니다. 뒤러는 너무나 서글퍼 동네에 있는 교회를 찾아갔습니다. 제발 친구를 찾게 해달라고 하느님께 기도라도 할 생각이었지요.

그런데 이미 그곳에서 한 사람이 기도를 올리고 있었는데 익숙한 목소리였습니다.

"주님, 제 친구 뒤러가 열심히 공부해서 훌륭한 화가가 되게 해주세요. 저는 식당 일을 많이 해서 손이 뒤틀려 쭈글쭈글해지고 근육도 무너져 어차피 그림을 그릴 수 없게 되었어요. 게다가 전 재능도 없습니다. 저는 열심히 묵묵히

뒷바라지하겠으니 제 몫까지 뒤러가 성공할 수 있게 도와주세요."

뒤러는 깜짝 놀라 그 청년을 바라보았습니다. 바로 그토록 애타게 찾던 친구였습니다. 친구의 기도를 들은 뒤러는 아무 말도 할 수 없었습니다. 학비를 대기 위해 손이 망가지도록 일을 한 친구를 생각하자 가슴이 무너져 내렸습니다. 걱정할까 봐 자신에게 나서지도 못했던 친구를 생각하니 하염없이 눈물만 솟구쳤습니다.

뒤러는 친구의 손을 꼭 잡았습니다. 그리고는 찬찬히 바라보았습니다.

"미안하네, 정말 미안하네."

어두운 교회 안에서 바라본 친구의 손은 이 세상 그 어떤 손보다도 아름답게 빛났습니다.

"잠깐만 기다려주게."

뒤러는 얼른 주머니에서 연필을 꺼내 다쳐서 문드러진 손으로 항상 기도하는 친구의 손을 스케치하기 시작했습니다. 그날, 기도하는 친구의 손을 오래오래 영원히 기억하기 위해 서둘러 스케치한 것이 바로 유명한 그림 '기도하는 손'입니다.

뒤러가 화가로 유명해지기까지 묵묵히 뒷바라지한 친구의 이야기에 콧등이 찡해오네. 그가 그린 '기도하는 손'이란 작품이 새삼 아름답게 보이는구나. 거칠고 울퉁불퉁하지만 친구를 위해 기도하는 그 손은 이 세상 어느 것보다 아름답지. 우리 아기 천사도 세상을 살아갈 때 저런 진실한 친구가 곁에 있기를 엄마가 기도해야겠어. 이런 좋은 글을 읽으며 우리 아가와 친구가 되는 시간도 엄마는 소중하고 행복하단다.

만델라와 눈곱

이야기를 들어보렴

눈곱이 눈에 덕지덕지 붙어 앞이 보이지 않으면 얼마나 답답하겠니? 얼굴이 미워서 남 앞에 나서기도 싫겠지? 그런 소외된 사람들의 지도자 넬슨 만델라. 그는 남아프리카 공화국 최초의 흑인 대통령이자 인권운동가란다. 세계인권운동의 상징적인 존재가 된 그의 어린 시절 이야기로 들어가 볼까?

어머니는 어린 만델라에게 종종 아프리카의 민담을 들려주었어요.

만델라는 저녁을 먹고 나면 모닥불을 피워놓고 어머니의 이야기를 듣는 것이 하루 중 가장 즐거운 시간이었어요. 어머니의 이야기는 언제나 구수하고 실감이 나서 귀에 쏙쏙 잘 들어왔어요.

"어머니 오늘은 또 무슨 이야기 들려주실 거예요? 어제 이야기 말고요."

어머니는 이야기를 조르며 눈을 동그랗게 뜨고 기다리는 만델라가 귀여웠습니다.

"음, 또 무슨 이야기가 재미있을까?"

정말이지 만델라는 어머니의 이야기를 들을 때가 가장 신났어요. 어머니는 감정을 넣어가며 이야기를 시작했습니다.

"옛날에 말이야, 눈곱 때문에 앞이 잘 보이지 않는 늙고 병든 여인이 살았대. 게다가 팔에 병이 들어 손을 쓸 수가 없었지. 그래서 어느 날, 지나가는 여행자에게 눈곱을 닦아달라고 부탁을 했거든. 여행자는 눈곱이 덕지덕지 낀 늙은 여인을 보자마자 달아나버렸어."

"그래서 여인은 어떻게 했어요?"

만델라는 호기심이 가득한 눈빛으로 어머니께 물었습니다.

"그러자 그 여인은 다른 여행자에게 자신의 눈곱을 닦아달라고 부탁했단다. 그 여행자도 썩 내키지 않아 모른 체 돌아섰지. 그런데 이상하게 다들 모르는 척하는 그 여인이 자꾸 불쌍하게 보이더래. 그 신사는 다시 돌아가 못생긴 그 늙은 여인의 눈곱을 꾹 참고 닦아주었어."

만델라는 이어지는 이야기를 기다리며 침을 꿀꺽 삼켰어요.

"그 순간, '짠!'하고 여인은 젊고 아름답게 변신했단다."

만델라는 박수를 치며 좋아했어요.

불쌍한 그 여자 이야기가 마치 자신의 일인 양 기뻤어요. 이야기에 쏙 빠져 있는 만델라를 보며 어머니는 더 구수하게 연기하듯 말했어요.

"그 여행자는 아름다운 그녀의 모습에 반해 버렸어. 사실 그녀는 대부호의 딸이었는데 그만 마법에 걸려 눈곱을 달고 다니게 된 것이지. 사랑의 손길이 닿으면 그 마법은 저절로 풀린다는 것이었어. 그 여행자는 그녀와 결혼해서 큰 부자가 되어 행복하게 살게 되었지 뭐야."

어머니가 들려주신 이 이야기는 어린 만델라의 가슴에 오랫동안 남았습니다.

어머니는 만델라에게 미덕과 너그러움은 우리가 알지 못하는 방식으로 보답해준다는 교훈을 주고 싶었던 것이었습니다.

이렇게 수많은 이야기를 가슴에 품고 자란 넬슨 만델라는 훗날 어머니의 바람대로 남아프리카 공화국 흑인들의 눈물을 손수 지극정성으로 닦아준 훌륭한 지도자가 되었답니다.

아가랑 소곤소곤

남아프리카 공화국은 원래 흑인들의 나라였어. 백인들이 들어와 인종차별 하는 것을 만델라가 앞장서 제도를 고쳤단다. 그런 휴머니티를 키울 수 있었던 것은 어릴 때 어머니에게서 들은 수많은 이야기의 힘이 아닐까? 아가야, 엄마도 독서 태교를 하면서 이야기로 너를 키우고 싶구나. 독서가 쌓이면서 너에게 들려줄 이야기가 점점 많아져 기쁘단다.

자장가를 들려주면 아기 정서에 좋아요

자장가는 영재를 키우는 첫걸음

'자장가를 불러주면 아이의 두뇌 세포는 크리스마스 트리의 전구처럼 반짝반짝 빛난다' 세계적인 아동 발달심리학자 수전 굿윈과 린다 에이커돌로의 〈모든 아이는 영재로 태어난다〉에 나오는 말입니다. 자장가는 단순하게 들리지만 매우 섬세하게 뇌의 잠재의식을 깨운다는 것입니다.

아이들은 엄마 배 속에 있을 때 엄마의 심장 박동 소리와 혈관에서 혈액이 흐르는 소리를 가장 많이 듣습니다. 이 혈류 소리는 일정한 진동수를 갖는 '백색소음(White Noise)'으로, 아기에게 심리적인 안정감을 주고 자연스러운 수면을 돕는 효과가 있다고 합니다. 마치 어른들이 빗소리에 잠을 잘 자듯이 아기들은 헤어드라이어나 청소기 소리와 같은 백색소음에 잘 자는 것과 같습니다. 자장가는 백색소음에 가까운 음악적 특징이 있어서, 아기가 엄마 배 속처럼 안정감을 느끼며 수면에 들어간다는 것입니다.

★ 아기를 가장 잘 재우는 우리 전통 자장가

1970년 오스트리아 빈에서 세계자장가대회가 있었습니다. 전 세계에서 수많은 사람들이 참가해 모차르트, 브람스, 슈베르트 등 세계 유명 작곡가들의 자장가를 불렀습니다. 끝으로 우리나라 할머니가 출연해서 우리 민요 자장가를 불렀습니다. 할머니의 자장가에 아기들이 새근새근 이내 잠들어 우리나라 자장가가 아기를 가장 빨리 잠들게 하는 자장가가 되었다고 합니다.

우리 자장가는 음의 높낮이가 거의 없이 단조롭게 반복되고, 모음 운율에다 박자도 엄마의 심장 박동처럼 네 박자여서 가장 편하게 들을 수 있다고 합니다. 가사가 정확지 않으면서도 아기가 잘 때까지 무한정 흥얼거릴 수 있는 우리 조상들의 자장가가 백색소음에 가장 가까운 자장가인 것이죠. 자장가를 많이 듣고 자란 아기들은 아름다운 노랫말이 주는 정서적 안정감과 어휘가 풍부해 나중에 우리말을 익히는 데도 도움이 됩니다.

꽃의 향기가 아무리 짙더라도

바람을 거슬러 퍼질 수는 없다

그렇지만 사람의 순순한 마음에서 풍기는

훈훈한 덕의 향기는

바람을 거슬러 이 세상 끝까지 퍼져나간다

– 법구경 –

마음에 새겨두고 싶은

또박또박, 명언 쓰기

은자동아 금자동아

자장자장 자장자장 우리애기 잘도잔다
멍멍개야 짖지말고 꼬꼬닭아 울지마라
우리애기 잘도잔다 자장자장 자장자장
은자동아 금자동아 금자동아 은자동아
은을주면 너를살까 금을주면 너를살까
나라에는 충신동이 부모에는 효자동이
형제간에 화목동이 친구간에 우애동이
이웃에는 귀염둥이 동네방네 재주동이

엄마에게 보배동이 할매에게 사랑동이
수명장수 부귀동아 자손창성 만복동아
높으거라 높으거라 태산같이 높으거라
깊으거라 깊으거라 바다같이 깊으거라
어질거라 어질거라 하늘같이 어질거라
아침나절 오이붙듯 저녁나절 가지붙듯
어서어서 자라거라 무럭무럭 자라거라
건강하게 자라거라 씩씩하게 자라거라

쑥쑥쑥쑥

키도 쑥쑥 몸도 쑥쑥, 우리 아기 잘도 큰다
단밥 먹고 무럭무럭, 우리 아기 잘도 큰다
단젖 먹고 무럭무럭, 우리 아기 잘도 큰다
쑥쑥쑥쑥 우리 아기, 무럭무럭 잘도 큰다

고분고분 고분고분, 우리 아기 착하구나
엄마 말에 고분고분, 우리 아기 착하구나
아빠 말에 고분고분, 우리 아기 착하구나
예예예예 우리 아기, 고분고분 착하구나

새근새근 새근새근, 우리 아기 잘도 잔다
단잠 자며 새근새근, 우리 아기 잘도 잔다
단꿈 꾸며 새근새근, 우리 아기 잘도 잔다
냠냠냠냠 우리 아기, 새근새근 잘도 잔다

둥실둥실 둥실둥실, 우리 아기 잘생겼다
달님처럼 둥실둥실, 우리 아기 잘생겼다
해님처럼 둥실둥실, 우리 아기 잘생겼다
호호호호 우리 아기, 둥실둥실 잘생겼다

김대현 자장가

김대현 곡, 김영일 시

우리 아기 착한 아기 소록소록 잠들라

하늘나라 아기별도 엄마 품에 잠든다

둥둥 아기 잠자거라 예쁜 아기 자장

우리 아기 금동아기 고요고요 잠잔다

바둑이도 짖지 마라 곱실 아기 잠 깰라

오색 꿈을 담뿍 안고 아침까지 자장

이흥렬 자장가

이흥렬 곡, 김도환 시

자거라 자거라 귀여운 아가야

꽃 속에 잠드는 범나비같이

고요히 눈감고 꿈나라 가거라

하늘 위 저 별이 잠들 때까지

자거라 자거라 귀여운 아가야

금잔디에 잠드는 봄나비같이

고요히 눈감고 꿈나라 가거라

꽃잎을 날리는 바람 따라서

누가누가 잠자나

박태현 곡, 목일신 시

넓고 넓은 밤하늘에 누가 누가 잠자나

하늘나라 아기별이 깜박깜박 잠자지

깊고 깊은 숲속에선 누가 누가 잠자나

산새 들새 모여 앉아 꼬박꼬박 잠자지

포근포근 엄마 품엔 누가 누가 잠자나

우리 아기 예쁜 아기 새근새근 잠자지

섬집 아기

이흥렬 곡, 한인현 시

엄마가 섬 그늘에 굴 따러 가면

아기가 혼자 남아 집을 보다가

바다가 불러주는 자장노래에

팔 베고 스르르 잠이 듭니다

아기는 잠을 곤히 자고 있지만

갈매기 울음소리 맘이 설레어

다 못 찬 굴 바구니 머리에 이고

엄마는 모랫길을 달려옵니다

모차르트 자장가

잘 자라 우리 아가 앞뜰과 뒷동산에

새들도 아가 양도 다들 자는데

달님은 영창으로 은구슬 금구슬을

보내는 이 한밤

잘 자라 우리 아가 잘 자거라

슈베르트 자장가

자장자장 노래를 들으며

옥같이 어여쁜 우리 아가야

귀여운 너 잠잘 적에

하느작 하느작 나비 춤춘다

브람스 자장가

잘 자라 내 아기 내 귀여운 아기

아름다운 장미꽃 너를 둘러 피었네

잘 자라 내 아기 밤새 편히 쉬고

아침이 창 앞에 찾아올 때까지

잘 자라 내 아기 내 귀여운 아기

오늘 저녁 꿈속에 천사 너를 보호해

잘 자라 내 아기 밤새 고이고이

낙원의 단꿈을 꾸며 잘 자거라

모차르트 작은 별 변주곡

반짝반짝 작은 별

아름답게 비치네

서쪽 하늘에서도

동쪽 하늘에서도

반짝반짝 작은 별

아름답게 비치네

유익한 정보와 다양한 이벤트가 있는
리스컴 블로그로 놀러 오세요!
홈페이지 www.leescom.com
블로그 blog.naver.com/leescomm
인스타그램 instagram.com/leescom

세상에서 가장 아름다운 태교 동화

하루 10분, 아가랑 소곤소곤

지은이 | 박한나
그린이 | 다린

편집 | 김연주 이희진 서지은
디자인 | 이미정 이선화
마케팅 | 김종선 이진목
경영관리 | 남옥규

인쇄 | 금강인쇄

초판 1쇄 | 2021년 2월 15일
초판 3쇄 | 2022년 7월 11일

펴낸이 | 이진희
펴낸곳 | (주)리스컴

주소 | 서울시 강남구 밤고개로 1길 10, 수서현대벤처빌 1427호
전화번호 | 대표번호 02-540-5192
영업부 02-540-5193
편집부 02-544-5933 / 544-5944
FAX | 02-540-5194
등록번호 | 제2-3348

ISBN 979-11-5616-200-1 13590
책값은 뒤표지에 있습니다.